Ihre digitalen Extras zum Download:

Die folgenden digitalen Extras stehen für Sie zum Download bereit:

- Das Spiral-Dynamics-Modell
- Checkliste zum SCARF-Modell
- Unsere wichtigsten Werte und die Markenpersönlichkeit
- u.v.m.

Eine detaillierte Übersicht zu den digitalen Extras finden Sie auf S. 195.

Den Link sowie Ihren Zugangscode finden Sie am Buchende.

Purpose, Sinn und Werte

Karlheinz Illner

Purpose, Sinn und Werte

Das »Warum?« als Leuchtturm in der digitalen Transformation

1. Auflage

Haufe Group
Freiburg · München · Stuttgart

Bibliografische Information der Deutschen Nationalbibliothek

Die Deutsche Nationalbibliothek verzeichnet diese Publikation in der Deutschen Nationalbibliografie; detaillierte bibliografische Daten sind im Internet über http://dnb.dnb.de/ abrufbar.

Print:	ISBN 978-3-648-14802-0	Bestell-Nr. 10619-0001
ePub:	ISBN 978-3-648-14803-7	Bestell-Nr. 10619-0100
ePDF:	ISBN 978-3-648-14804-4	Bestell-Nr. 10619-0150

Karlheinz Illner
Purpose, Sinn und Werte
1. Auflage, April 2021

www.haufe.de
info@haufe.de

Bildnachweis (Cover): ©Norman, Adobe Stock
Zitate-Gestaltung: Die netten Werber GmbH, www.dienettenwerber.de

Produktmanagement: Jutta Thyssen
Lektorat: Peter Böke, Berlin

Für Andy
&
allen Unternehmerfamilien,
die jeden Tag die Zukunft unserer
Gesellschaft neu gestalten

Inhaltsverzeichnis

Einführung

Die Entwicklung eines kraftvollen Purpose ist für jeden Menschen und jedes Unternehmen eine Bergtour. Sie beansprucht Zeit und ist anstrengend, erst recht weil wir durch die digitale Transformation und die massiven Veränderungen im Wirtschaftsleben gefordert sind. Doch diesen Berg gilt es gerade deshalb genau jetzt zu erklimmen! Es wird Momente geben, in denen Sie stolz auf den zurückgelegten Weg schauen, und Momente, in denen Sie nicht verstehen, warum es jetzt wieder ins Tal hinabgeht, bevor Sie den nächsten Gipfel erreichen. Aber – wie beim Wandern in den Bergen: Der Moment auf dem Gipfel fühlt sich erst gut an, wenn man seine Muskeln spürt, wenn man die Augenblicke des »Wofür mache ich das?« durchlebt hat und dem wirklichen Purpose im Laufe der Bergwanderung immer näher kommt.

Doch ist der Purpose überhaupt das Allheilmittel? Nein, der Purpose alleine reicht nicht. Die Umsetzung ist entscheidend! Und nur, wenn Purpose, Werte und Haltung stimmig sind, ist dies möglich. Wie gehen wir miteinander um? Wie kommunizieren wir? Wie entscheiden wir? Nur wenn wir unsere Werte im unternehmerischen Alltag leben, wird der Purpose wirksam. Es reicht nicht, unsere Werte auf Papier zu schreiben, denn dann bleibt es schnell nur bei der Theorie. Was braucht es für die Umsetzung? Wir müssen die Mitarbeiterinnen und Mitarbeiter mitnehmen, gut zusammenarbeiten und gemeinsam Veränderungen meistern – gerade in der digitalen Transformation. Das sind auch die Hauptthemen in diesem Buch. Ihnen möchte ich ganz konkret Impulse geben, damit Sie Ihren persönlichen und unternehmerischen Sinn entwickeln und schärfen.

Die hilfreichsten Impulse im Purpose-Prozess sind für mich die Entwicklungsstufen von Prof. Clare W. Graves und die Wertedimensionen von Prof. Robert S. Hartman. Diese Ansätze sind die idealen Landkarten, um zu erkennen, wo wir gerade im Leben stehen, und die eigene Identität besser beschreiben zu können. Diese beiden Ansätze bilden den wissenschaftlichen Motor hinter diesem Buch. Wir kommen immer wieder darauf zurück, um dieses einfache, aber doch komplexe Thema anschaulich zu machen und besser zu verstehen.

Letztendlich besteht der Sinn all der Streifzüge in diesem Buch darin, drei einfache Fragen zu beantworten, die den Kern all dessen bilden, was wir als Inhaber, Geschäftsführer und Führungskraft gerne erreichen würden:

- Warum sind bestimmte Purpose-Ansätze oder Formulierungen kraftvoll und andere nicht?
- Was können wir tun, um einen glaubwürdigen und motivierenden Purpose zu entwickeln und im Unternehmen so zu etablieren, dass er sich von alleine verbreitet?
- Wie hilft uns ein Purpose bei der Zusammenarbeit im Unternehmen, im Umgang mit Veränderungen und in der Wirkung nach außen?

Ausgehend von diesen Fragen war es mir wichtig, auch andere Meinungen und Blickwinkel zu integrieren:

Begleitend zum Buch habe ich spannende Persönlichkeiten interviewt, die Einblicke in ihren Purpose geben und darin, was er für ihr Unternehmen bedeutet. Bei diesen Gesprächen nehme ich Sie mit nach Berlin, damit Sie bei einer faszinierenden jungen Firma etwas über wirklich nachhaltige Produktentwicklung erfahren. Wir besuchen das Technologie- und Gründerzentrum an der Universität Würzburg, wo eine der spannendsten Entwicklungen im Bereich der digitalen Medizintechnik stattfindet, und Sie werden einen Familienunternehmer kennenlernen, der ein Jahr im Silicon Valley gelebt hat und einen deutschen mittelständischen Hidden Champion führt.

Ergänzt werden diese Video-Interviews durch Gespräche mit zwei Experten, die sich – aus unterschiedlichen Perspektiven – sehr intensiv mit dem Thema Purpose beschäftigen. Karsten Kilian gehört zu den führenden Markenprofessoren in Deutschland. Er schaut mit der »Markenbrille« auf das Thema. Persönlich sehr spannend finde ich die hypnosystemische Sicht auf den Purpose von Tilman Peschke, eine wertvolle Ergänzung besonders zu den Themen: Was bedeutet Purpose für den Umgang mit Veränderungen und die Zusammenarbeit im Unternehmen?

DIGITALE EXTRAS

Die Interviews wurden alle gefilmt und können auf www.FamilyBrands.de/Purpose angeschaut werden. Zahlreiche **digitale Extras zum Buch** (Checklisten, Übersichten und Modelle) finden Sie auf mybook.haufe.de.

In den letzten Jahren habe ich sehr viele Gespräche mit Führungskräften in Veränderungsprozessen geführt. Eine kleine Auswahl von Originalzitaten, natürlich anonymisiert, ist im Text eingestreut und macht noch einmal deutlich, wie es vielen Führungskräften aktuell in der Transformation geht. Ich denke, diese Aussagen sind auch ein guter Realitäts-Check für meine Ausführungen und vielleicht werden Sie bei manchen Zitate denken: »Das kommt mir bekannt vor.«

Viel Spaß beim Lesen!

Karlheinz Illner

Würzburg, Februar 2021

„Der Purpose ist wie ein Fixstern. Dafür stehe ich in der Frühe auf, dafür reibe ich mich mit dir, dafür überwinde ich Zielkonflikte. Es braucht immer ein Wofür, dann entsteht Kraft, Fokus und etwas Gemeinsames.

Tilman Peschke

1 Der Purpose in Familienunternehmen – Warum es ohne nicht geht

1.1 Wofür gibt es Ihr Unternehmen?

Purpose ist, wie Agilität und Disruption, in den letzten Jahren ein Buzzword geworden: In den Wirtschaftsmedien taucht es regelmäßig auf, Ratgeber – wie dieser hier – kommen auf den Markt. Ist es deshalb ein Modewort oder nur ein Trend, der in zwei, drei Jahren wieder vorbei ist? Nein. Denn Purpose ist die Wurzel Ihres Unternehmens. Purpose ist die Antwort auf die Frage:

Warum oder wofür gibt es Ihr Unternehmen?

Nach wie vor sind Unternehmen und Unternehmensführung von Plänen und Zahlen dominiert. Das war schon immer so und es hat bisher auch funktioniert. Doch in unserer sich stark wandelnden Welt kommen gerade kleinere Firmen infolge dieser einseitigen Orientierung schnell in Bedrängnis:

- Langfristige Planung ist in unsicheren, sich ständig verändernden Zeiten schlichtweg nicht mehr möglich. An die Stelle von fixen Plänen, streng festgelegten Abläufen und dem konservativen Selbstverständnis »Das haben wir schon immer so gemacht« ist das **agile Arbeiten** getreten.
- Die Konzentration auf Zahlen, Produkte und das Schielen auf Mitbewerber hat ebenfalls ausgedient: Keiner weiß genau, wo es derzeit hingeht. Es kommt ständig zu Veränderungen und die Zukunft wird in den meisten Branchen immer unsicherer.

Wenn Sie die Nase vorn behalten – oder bekommen – wollen, um sich langfristig am Markt zu behaupten, ohne selbst zum Spielball des Marktes zu werden, brauchen Sie einen klaren Kurs. Dieser Kurs kann nicht aus starren Zielen bestehen, denn das ist das Gegenteil von Agilität. Es nützt auch gar nichts, wenn Mitarbeiterinnen und Mitarbeiter flexibel sind und Sie als Unternehmen mit Plänen und Zielen hantieren, die keinerlei Wendigkeit zulassen.

Zum Begriff Purpose !

Der englische Begriff »Purpose« bedeutet:
Zweck, Absicht, Ziel(setzung), Vorsatz, Sinnhaftigkeit

Purpose bedeutet, ein sinnvolles Ziel zu haben. Ein Ziel, das mehr ist, als nur die Erfüllung von Aufgaben. Ein Ziel, das mehr umfasst, als betriebswirtschaftliche Kennzahlen und Gewinnorientierung. Ein Ziel, das für die Mitarbeiterinnen und Mitarbeiter motivierend ist, weil es einen Beitrag zu einer bewussteren Gesellschaft leistet – im Umgang miteinander, mit der Umwelt, mit den Ressourcen und mit sich selbst. Deshalb nennt man es Purpose. Es ist ein Ziel, verbunden mit dem Gefühl »Das ist richtig, das macht Sinn, das fühlt sich gut an«. Es ist die Antwort auf die Frage: »Wofür machen wir das hier eigentlich?« **Sie werden staunen, wie vielfältig der Purpose sich auf Ihr Unternehmen auswirkt!**

»Ohne Sinn – ohne Vision – würde uns die Orientierung fehlen. Er gibt uns die Motivation, diese großen Veränderungen zu bewältigen und die Möglichkeiten, die daraus entstehen, zu nutzen und Prioritäten zu setzen.«
Dr. Michael Hartung, Gründer Lothar Medtec

»Wir bekommen Bewerbungen sogar aus dem internationalen Bereich, obwohl wir gar keine offenen Stellen haben.«
Julian Lechner, Gründer Kaffeeform

»Wir haben unseren Purpose intern entwickelt, wir brauchen ihn, um Klarheit zu haben, auf was wir uns fokussieren, um weiterhin Weltmarktführer zu bleiben. Purpose gibt uns den Handlungsrahmen.«
Dr. Gunther Wobser, Geschäftsführender Gesellschafter LAUDA Temperiergeräte

»Bei einer Firma mit Purpose, da gehen die Mitarbeiter auch mal die Extra-Meile.«
Prof. Dr. Karsten Kilian, Markenvordenker

»Ohne ein Wofür fehlt den Menschen der Sinn und die Kraft für Veränderung. Warum sollen wir uns verändern, wenn es für mich keinen Sinn macht?«
Tilman Peschke, Peschke Akademie

Fünf Aussagen, die die Vorteile eines starken Purpose verdeutlichen:

- Er ist die Antriebskraft des Unternehmens.
- Er gibt einen Handlungsrahmen vor, ohne starre Ziele zu setzen.
- Er unterstützt agiles Arbeiten.
- Er motiviert die Mitarbeiter.
- Er ist attraktiv für Bewerber.

Diese Aussagen zeigen zudem, dass verschiedene Begrifflichkeiten für verwandte Sachverhalte verwendet werden: Purpose, Sinn und Vision. Bei den Recherchen und den Interviews zu diesem Buch wurde mir immer wieder klar, dass Vision oft mit Purpose gleichgesetzt wird.

Schauen wir uns diese Begriffe näher an:

- **Sinn ist die persönliche Perspektive.** Nur ich kann entscheiden, was für mich sinnvoll ist. Nur ich kann meinen Sinn finden.
- **Purpose ist die unternehmerische Perspektive.** Wie in den genannten Zitaten ist der unternehmerische Purpose entweder vom Gründer vorgegeben (→ Kaffeeform) oder wird von einem Mitarbeiterteam entwickelt bzw. geschärft (→ LAUDA). Er ist die Antwort auf die Frage: Warum und wofür machen wir das? Der Purpose liefert neben dem durchaus wichtigen finanziellen Erfolg die grundlegende Motivation für das unternehmerische Tun.
- **Vision ist idealerweise ein herausforderndes Ziel**, das momentan noch nicht existiert, aber erreichbar ist.

»Wir wollen die Lungenfunktionsdiagnostik digitalisieren, mit Künstlicher Intelligenz verknüpfen und dadurch dem Hausarzt eine Diagnose auf Experten-Niveau bieten und dies für 1 Euro pro Anwendung, damit ermöglichen wir mehr Patienten eine bessere Gesundheitsvorsorge.«
Dr. Michael Hartung, Gründer Lothar Medtec

Im Fall der Firma Medtec ist die Vision mit dem Purpose gleichzusetzen. Sie ist für den Gründer sinnvoll und für die Mitarbeiterinnen und Mitarbeiter die Antwort auf die Frage: Wofür machen wir das? Um die Jahrtausendwende wurde in der Wirtschaftsliteratur und in Unternehmen fast nur von »Vision« gesprochen. Der Wandel in den letzten Jahren hin zum Purpose-Begriff setzte ein, weil viele Unternehmensvisionen oft allzu einseitig formuliert waren: »Wir wollen die Nr. 1 werden«, »Wir wollen die Wettbewerber verdrängen und den Markt übernehmen« oder »Wir werden die beste technische Anwendung entwickeln«. Diese Visionen waren sehr stark von einer wettbewerbsorientierten oder technischen Haltung geprägt. Einfach formuliert: Es hat meistens die Seele gefehlt. Eine Facette, die unser Herz anspricht. Dies zeigt auch, dass sich unsere Gesellschaft auf eine weitere Entwicklungsstufe verändert hat, bei der andere Werte, wie Empathie, mehr Bedeutung haben. Zu diesem spannenden Thema lernen Sie in Kapitel 2 das Spiral-Dynamic-Modell kennen, das uns durch das gesamte Buch begleiten wird.

Im Idealfall gibt es im Beruf eine hohe Übereinstimmung von meinem persönlichen Sinn und dem unternehmerischen Purpose:

- Je geringer die Übereinstimmung, desto mehr steht der finanzielle Anreiz im Mittelpunkt. Sie kennen bestimmt die Aussage: »Der Job macht für mich nicht viel Sinn, aber die Bezahlung stimmt.«
- Je höher die Übereinstimmung, umso weniger Bedeutung hat der finanzielle Anreiz. »Wegen dem Geld habe ich es noch nie gemacht«, ist in diesem Zusammenhang eine typische Aussage. Studien belegen, dass sinnerfüllte Mitarbeiterinnen und Mitarbeiter eher Verantwortung übernehmen, sich mehr engagieren, weniger krank sind und seltener den Arbeitgeber wechseln. Die Sinnhaftigkeit bietet Identifikation und Motivation. Genau diejenigen Eigenschaften, die sich Unternehmen wünschen, weil dadurch Engagement, Leistungsfähigkeit, Zufriedenheit und Loyalität aller steigen. Win-Win auf allen Ebenen, denn die Menschen im Unternehmen machen die Ergebnisse!

Genau hier müssen wir in Unternehmen neu denken: Stand bislang das Sachliche im Vordergrund – Zahlen, Daten, Fakten –, kommt nun verstärkt das Menschliche, das Emotionale ins Business. Dies sind Facetten, die sich nicht schnell in eine Business-Strategie oder einen Drei-Jahres-Plan packen lassen. Das macht das Thema schwer greifbar und es führt zu Missverständnissen: Viele denken bei Purpose nur an Nachhaltigkeit, Feelgood oder Spiritualität in einer digitalen Welt. Auch davon ist etwas dabei, denn was einen Menschen motiviert, was ihm wichtig ist, ist nun einmal sehr individuell. Wir können niemandem vorgeben, was für ihn sinnvoll sein soll. Lassen Sie mich diesen Zusammenhang am Begriff **Nachhaltigkeit** verdeutlichen, der in der Wirtschaft ebenfalls sehr dominant geworden ist: Ja, es sollte der unternehmerische Anspruch sein, möglichst umweltschonend und verantwortungsvoll mit den vorhandenen Ressourcen umzugehen, aber wir können es nicht jedem Unternehmen vorschreiben, diesen Wert in den Mittelpunkt seiner Aktivitäten zu stellen. Was können wir von einem Logistikunternehmen erwarten, das im internationalen Wettbewerb steht? Von heute auf morgen auf Elektroantrieb oder Wasserstoff umzusteigen? Das ist doch nicht realistisch! Selbstverständlich kann ein Unternehmen in dieser Branche versuchen, möglichst nachhaltig zu agieren, und den Anspruch haben, »das nachhaltigste Unternehmen in dieser Branche zu sein«, aber der glaubwürdige Fokus liegt dann vielleicht auf dem sozialen Bereich: Versorgung der Fahrer, Pausenzeiten, Übernachtungsmöglichkeiten, Koordination und Planung der Dienstzeiten von Fahrern unter Rücksicht auf familiäre Aspekte.

Ebenso finde ich es vermessen, beim persönlichen Sinn immer einen nachhaltigen Aspekt zu erwarten. Diese Erwartungshaltung erzeugt oft eine Abwehrhaltung bei den Mitarbeiterinnen und Mitarbeitern, und ohne eine Beschäftigung mit dem persönlichen

Sinn hat ein unternehmerischer Purpose wenig Kraft. Ich führe das im Laufe des Buches näher aus. An dieser Stelle so viel: Empfinden die Mitarbeiter das Thema *Sinn* als abgehoben und nicht realistisch, wird ein Purpose keine Kraft im Unternehmen entfalten. Es besteht eher die Gefahr, dass das Thema als zu theoretisch und nicht realisierbar bewertet wird. Das ist der Killer für jedes Purpose-Projekt! Ich kann von einer alleinerziehenden Mutter mit zwei Kindern und einem Nettogehalt von 1.400 Euro nicht erwarten, dass für sie Nachhaltigkeit die oberste Priorität hat. Ein kraftvoller Sinn ist für sie jedoch die Versorgung ihrer Kinder mit dem Ziel, ihnen die optimale schulische Ausbildung zu ermöglichen. Im weiteren Sinne ist dies auch nachhaltig, da sie die soziale Situation ihrer Kinder verbessert. Sinn auf der persönlichen Ebene ist demnach immer subjektiv. Dieser kann und darf nicht von außen »aufgestülpt« werden.

Hintergrund: Viktor Frankl !

Wenn Sie sich intensiver mit dem Thema Sinn und Purpose beschäftigen, werden Sie immer wieder auf den Namen Viktor Frankl stoßen. Frankl war Neurologe und Psychiater, er begründete die Logotherapie (»Sinntherapie«) und die Existenzanalyse.

Frankls bekanntestes Buch trägt den Titel »... trotzdem Ja zum Leben sagen: Ein Psychologe erlebt das Konzentrationslager«, in dem Frankl seine Erlebnisse und Erfahrungen in vier verschiedenen Konzentrationslagern schildert. Das Buch wurde über neun Millionen Mal verkauft. Die Library of Congress nennt es eines der zehn einflussreichsten Bücher in den USA. Es steht dort praktisch in jeder Bibliothek und Schule eine Ausgabe.

Frankl ist auch bei uns in den letzten Jahren immer bekannter geworden. Zwei seiner bekanntesten Zitate lauten »Die Frage ist falsch gestellt, wenn wir nach dem Sinn des Lebens fragen. Das Leben ist es, das Fragen stellt« und »Man kann den Sinn nicht suchen, man kann ihn nur finden«.

Übrigens ist Sinn nicht davon abhängig, ob es sich um eine einfache, sich wiederholende Arbeit handelt oder um etwas Hochgeistiges, das unseren ganzen Einsatz fordert. Arbeit macht Sinn, wenn sie Teil von etwas Großem und Bedeutungsvollem ist. Ein Beispiel des Mitgründers der Positiven Psychologie, Mihály Csíkszentmihályi, der auch den Flow-Begriff geprägt hat, macht dies deutlich. Er schreibt in seinem Buch »Flow. Das Geheimnis des Glücks« (2017):

»Wir haben einmal Frauen befragt, die in Kliniken putzen. Wenn sie ihre Arbeit beschreiben sollten, sagten die meisten: ›Ich wasche die Bettpfannen, ich wische den Boden, ich bringe neue Bettwäsche.‹ Aber einige sagten: ›Ich bin dafür da, dass es den Patienten besser geht. Sie fühlen sich besser, wenn der Raum sauber ist und das Bad gut riecht.‹ Diese Frauen hatten jeden Tag das Gefühl, die Menschen glücklich zu machen, und versuchten, das Bestmögliche zu tun. Mit dieser Einstellung konnten sie fast so engagiert sein wie die Chirurgen und genau solche Glücksmomente erleben.«

Die Frauen haben das Gefühl, im Dienst einer Sache oder in der Zuneigung zu einem Menschen etwas beizutragen. Schauen Sie dazu den Film »Augenhöhe« an (er ist im Internet frei zugänglich). Er zeigt Beispiele von Firmen, die anstreben, mit ihren Mitarbeiterinnen und Mitarbeitern auf Augenhöhe zu arbeiten, egal welchen Status die Mitarbeiter haben. Für mich ist die beeindruckendste Szene, wenn die zwei Damen vom Reinigungspersonal in der SysTelios Klinik von ihrer Arbeit erzählen, da spürt man, dass die beiden mit Leidenschaft dabei sind und in ihrer Tätigkeit Erfüllung finden.

Inhaltliche und emotionale Dimension des Purpose

Damit ein Purpose wirklich kraftvoll wirkt, hat er eine **inhaltliche** und eine **emotionale Dimension**. Natürlich: Bei einem Unternehmen geht es immer auch um den wirtschaftlichen Erfolg. Ohne Gewinn keine Möglichkeiten zu investieren. Ohne Investitionen keine Chance, dem Wettbewerb standzuhalten: **Ein Purpose funktioniert nur, wenn er die Leistungsebene und die emotionale Ebene umfasst.**

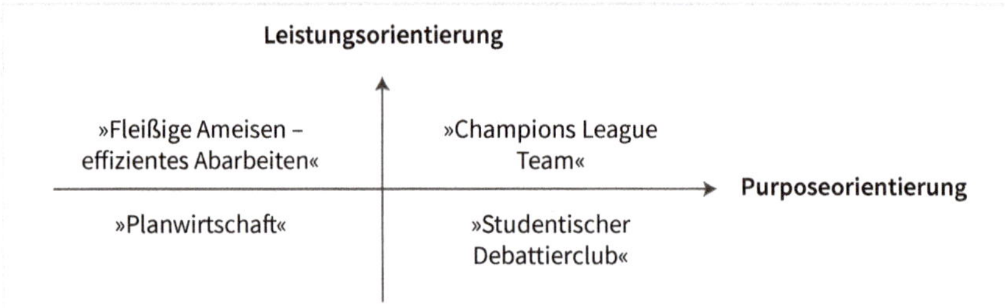

Abb. 1: Leistungs- und Purposeorientierung

Es ist entscheidend, sich nicht im Purpose zu verlieren, sondern immer auch die Leistungsebene – die Performance – zu berücksichtigen. Ein Purpose, der nicht von einer starken Organisation gelebt und umgesetzt wird, bedeutet letztlich, »in Schönheit zu sterben«. Dann sind wir beim studentischen Debattierclub, der tolle Ideen entwickelt, aber nicht in die Umsetzung kommt.

> *»Wir sind im Moment alle nur noch mit uns selbst beschäftigt. Es gibt keinen gemeinsamen Spirit mehr und das vergiftet die Stimmung.«*
> Führungskraft in einem Veränderungsprozess

Apple, LEGO und Hipp sind Unternehmen mit einem klaren Purpose. Doch neben den bekannten Wirtschaftsgrößen gibt es immer mehr kleine und mittelständische Familienunternehmen – wie VAUDE, Einhorn, Systelios Klinik, Kaffeeform, LAUDA und

Lothar Medtec –, die wissen, was ihr Warum ist. Sie sind überzeugt davon, dass der Purpose ein Wettbewerbsvorteil ist.

Auch Studien unterstreichen, welchen Vorteil ein klarer Purpose bringt. Es ist nicht nur motivierender für Mitarbeiter und Führungskräfte, sondern verbessert auch den finanziellen Erfolg der Firma. Eine Studie in den USA von Korn Ferry unter 391 Führungskräften im Oktober 2019 kam zu folgenden Ergebnissen:

- 96 % gaben an, dass ein klarer Purpose zu einem langfristigen finanziellen Vorteil beiträgt.
- 98 % stimmten darin überein, dass das Verständnis und die Einbeziehung der Mitarbeiter bei der Entwicklung des Purpose die Produktivität der Mitarbeiter erhöht.
- Fast zwei Drittel (59 %) sagten, ihre Hauptmotivation bei der Arbeit ist die Überzeugung, dass ihre Arbeit Sinn und Bedeutung hat.
- Für ein Drittel (33 %) stellen die Mission und die Werte den Hauptgrund dar, für eine bestimmte Organisation zu arbeiten, für 30 % ist es die Unternehmenskultur und nur 12 % gaben Geld und Bonus-Programme als Hauptgrund an.
- Fazit: Für zwei Drittel der Führungskräfte sind die Soft Facts wie Purpose, Mission, Werte und Unternehmenskultur wichtiger als Geld. Auf den Punkt bringt es der Spruch: »Sinn statt Dienstwagen!«

Der amerikanische Business-Bestsellerautor Jim Collins und der Stanford-Professor Moren Hansen haben Unternehmen analysiert, die mindestens zehnmal so erfolgreich sind wie der Branchendurchschnitt (»10Xer«) und haben folgende Kernaussagen abgeleitet (Collins 2012):

- »Sie sind ungeheuer ambitioniert, aber Ihre Ambitionen gelten in erster Linie und vor allen Dingen Ihrem Anliegen, Ihrem Unternehmen, Ihrer Arbeit, nicht Ihnen selbst.«
- »10Xer« haben Egos, aber mit ihren Egos verschreiben sie sich ganz und gar ihren Unternehmen oder höheren Absichten – einem Purpose – und nicht der Verherrlichung der eigenen Person.«
- »Leidenschaft und Einsatz für eine Sache oder ein Unternehmen, das bedeutender ist als die eigene Person.«

Firmen, die ihr Warum kennen und eine ressourcenorientierte und wertschätzende Unternehmenskultur leben, haben eine klare, verständliche Haltung. Das ermöglicht eine eindeutige Ausrichtung, was wiederum unzählige Vorteile mit sich bringt:

Ein starker Purpose und eine ressourcenorientierte Unternehmenskultur bringen viele Vorteile mit sich …		
für Veränderungsbereitschaft und -flexibilität	für eine klare und einfachere Führung	damit Markenpersönlichkeit und Verhalten stimmig sind
für effektivere Entscheidungsprozesse und selbstständige Arbeit	für eine reibungslose und produktive Zusammenarbeit	um sich zu einer starken, glaubwürdigen Marke (Image) zu entwickeln
für proaktives Handeln und wendiges Reagieren	für eine förderliche, lösungsorientierte Unternehmenskultur	um neue Kunden zu gewinnen und die Loyalität bestehender Kunden zu steigern
für fokussiertes Steuern der Firma in der VUCA-Welt	für eine hohe Verbundenheit und Engagement der Mitarbeiter	für passende Bewerber und um Talent zu gewinnen
↓	↓	↓
Kap. 3: Veränderungen meistern	Kap. 4: Gut zusammenarbeiten	Kap. 5: Ihre Haltung nach außen tragen

Sie merken schon: Die Auseinandersetzung mit dem Thema Purpose lohnt sich. Es ist viel mehr als ein Feelgood-Programm. Es ist der Beschleuniger zum Erfolg, der Sprung von der Bundesliga in die Champions League – für Sie persönlich und Ihr Team.

! **Warum? Wofür? Wozu?**

Wenn es um Sinn geht, sprechen viele von dem **Warum**. Ich persönlich bevorzuge das **Wofür**. »Wofür« ist für mich mehr in die Zukunft gerichtet. Manche verwende auch das **Wozu**. Letztendlich ist es Ihnen überlassen, welchen Begriff Sie nehmen. Im Buch verwende ich diese Begriffe synonym.

„Ich war total fasziniert, wie wichtig ein Mitwirken an etwas Positivem, an etwas Nachhaltigem ist. Es ist für viele ein Antrieb, einen sehr gut funktionierenden Job zu verlassen und sich einer neuen, kleineren Bewegung anzuschließen und zu helfen, etwas aufzubauen.

Julian Lechner

1.2 Die Besonderheiten von Familienunternehmen

Familien prägen ihr Unternehmen. Bewusst oder unbewusst geben sie die Richtung für die Firma vor. Deshalb ist es sehr wichtig, dass wir uns gemeinsam die Facetten anschauen, die ein Familienunternehmen ausmachen und die Entwicklung des Purpose eine wichtige Bedeutung haben.

Die gute Nachricht vorab: Gerade als kleines und mittleres Unternehmen (KMU) haben Sie als Familienunternehmen gegenüber den »Big Playern« einige ganz gewaltige Vorteile, die Sie unbedingt gezielt nutzen sollten. Leider sehe ich es sehr oft, dass KMU danach schielen, was Konzerne vormachen, und sich in puncto Führung und Selbstdarstellung daran orientieren. Im ungünstigsten Fall wird eine schlechte Kopie daraus, meist endet es in Gleichmacherei: Das Familienunternehmen gibt sich eine Fassade, es ist nicht authentisch und verschenkt wichtige Chancen. Bevor wir uns also daran machen, Ihren Purpose herauszuarbeiten, geht es mir darum, dass Sie sich Ihrer Besonderheiten bewusst werden: Dazu gehören die Vorteile, die Sie als Familienunternehmen allen anderen voraushaben, aber auch die Stolpersteine.

Beginnen wir mit Ihren Trumpfkarten.

1.2.1 Die Vorteile Ihres Unternehmens

a) Mehr Fokus, langfristiges Denken, weniger Show und Aktionismus
Gründer und Nachfolger, die ein Unternehmen früherer Generationen weiterführen, möchten bewahren und weiterentwickeln. Das ist ein grundsätzlich anderer Fokus als die reine Gewinnorientierung, die in Konzernen vorherrscht: Wenn das Geld den Ausschlag gibt, wenn Quartalszahlen die Entscheidungen dominieren, kann dies zu extrem kurzsichtigen Maßnahmen führen. Man springt auf Trend-Züge auf, nötige Investitionen oder Neuausrichtungen werden verzögert oder gekippt, weil sie das aktuelle Ergebnis beeinträchtigen – und wenn man näher hinschaut, wie viele Besprechungen, Reports, Projekte in großen Firmen nur darauf ausgerichtet sind, gut dazustehen oder sich zu rechtfertigen, kann man in Familienunternehmen nur schmunzeln. Das heißt nicht, dass jedes KMU reibungslos und zielgerichtet alles durchzieht, doch der Grundfokus liegt bei den kleineren Unternehmen sehr wohl darauf,

- was aktuell ansteht,
- welche Entscheidungen kurz-, mittel- und langfristig sinnvoll sind und
- was in einem vernünftigen Verhältnis von Kosten und möglichem Ertrag steht.

Familienunternehmen beweisen nicht nur Nah-, sondern auch Fernblick. Sie sind zukunftsorientiert. Oft denken die Inhaber schon an die übernächste Generation. Dazu gehört die Beständigkeit der Führungsebene: Während in größeren Firmen das Top-Management wie durch eine Drehtür kommt und geht, bleibt es in Familienunternehmen konstant. Es gibt weitaus weniger Wechsel, mehr Loyalität und externe Führungskräfte bleiben im Schnitt wesentlich länger. Und noch ein weiterer Aspekt spielt eine Rolle: Das Ego. In familiengeführten Firmen stellen sich die Menschen in der Regel »in den Dienst der Sache«, sie bewahren und entwickeln. **Unser Unternehmen steht im Mittelpunkt.**

b) Authentizität! – Ihre Firma hat Charakter
Herr Hipp ist vielen Eltern bekannt. Und nicht nur Eltern! So gut wie jeder verbindet den Namen Hipp mit Babynahrung. Der Anspruch, gesunde und biologische Kindernahrung zu produzieren, wird durch die Verantwortung der Familie Hipp gestützt. Es ist kein anonymer Großkonzern, sondern ein vertrauensvoller Familienbetrieb.

Glaubwürdigkeit, Sympathie und Vertrauenswürdigkeit sind wesentliche Business-Faktoren. Je größer das Unternehmen, je »künstlicher« eine gute Produktidee oder Dienstleistung aus dem Boden gestampft wurde, desto weniger glaubwürdig ist das Angebot für den Kunden. Natürlich versuchen auch Konzerne, Nähe herzustellen, und werben beispielsweise mit Prominenten, um persönlicher zu wirken, aber keine Firma kann so glaubwürdig wie ein Familienunternehmen sein, bei dem der eigene Name für seine Produkte steht. Kennen Sie Saitenbacher Müsli? Wahrscheinlich hören Sie jetzt sogar die Stimme des Inhabers – bekannt aus der Radiowerbung – in Ihrem Kopf. Authentischer geht es nicht.

Familienunternehmen müssen sich hier keine Mühe geben: Ihre Geschichte ist geprägt von einzelnen Menschen, oft bereits von einer langen Firmentradition. Sie können viel glaubwürdiger ihren eigenen Stil entwickeln.

Der Charme von gewachsenen kleinen und mittleren Firmen besteht darin, dass sie so sind, wie sie sind. Sofern sie sich nicht hinter einer neutralen Werbefassade verstecken, doch das ist ein anderes Thema. Sie haben die allerbesten Voraussetzungen, Kunden, Lieferanten, Mitarbeiterinnen und Mitarbeiter von sich zu überzeugen, einfach,

- indem Sie menschlich sind,
- indem Sie als Unternehmen Ihren eigenen Charakter haben, durchaus mit Ecken und Kanten,
- und indem Sie eine klare Haltung beziehen.

Das klingt noch etwas abstrakt? Keine Sorge, in den folgenden Kapiteln finden Sie heraus, was das konkret für Sie bedeutet.

c) Unabhängigkeit und kurze Wege
Inhabergeführte Unternehmen brauchen sich nicht mit einer Konzernzentrale abzustimmen, die vielleicht sogar in einem anderen Land sitzt. Sie können Entscheidungen im kleinen Kreis treffen und diese umgehend umsetzen. Die Mitarbeiterinnen und Mit-

arbeiter spüren dadurch mehr Wirksamkeit und Chancen bei der Umsetzung. Sie werden nicht so oft ausgebremst, müssen nicht wochenlang auf eine Entscheidung aus der Zentrale warten oder sich irgendeinem Diktat unterwerfen, das Arbeitskraft bindet bzw. für ihren Markt gar keinen Sinn macht. Diese Unabhängigkeit ermöglicht es, anders als die Masse zu entscheiden. Beste Voraussetzungen dafür, wendiger und schneller zu sein.

Je kleiner das Unternehmen ist, desto beweglicher ist es: Es ist viel leichter, die Firma einzuschwören, eine Kurskorrektur zu machen. Nicht nur aufgrund der geringeren Mitarbeiterzahl , sondern vor allem, weil es untereinander eine sehr persönliche, meist langjährige Zusammenarbeit gibt. Probleme können auf dem kurzen Dienstweg gelöst werden, umständliche Arbeitskreise sind nicht notwendig. Natürlich gibt es dabei eine Kehrseite, auf die wir gleich im Abschnitt 1.2.2 »Fallstricke und Hürden« zu sprechen kommen.

d) Hervorragendes Renommee als Arbeitgeber

Familienunternehmen haben das Image, gute Arbeitgeber zu sein. Eine von der Stiftung Familienunternehmen initiierte Studienserie aus dem Jahr 2018 befasst sich mit der Frage, wie sie als Arbeitgeber in der Gruppe der hochqualifizierten Fach- und Führungskräfte wahrgenommen werden. Das Ergebnis: In neun von 14 Kriterien schneiden Familienunternehmen besser ab als Nicht-Familienunternehmen. Sie stehen etwa für

- eine gute Arbeitsatmosphäre,
- die Möglichkeit zu eigenverantwortlichem Arbeiten und
- flache Hierarchien.

Damit erhalten Familienunternehmen das, was andere Bereiche der Wirtschaft häufig bereits verspielt haben: **Vertrauen**. Laut einer Forsa-Befragung vertrauen 88 % der Deutschen den Familienunternehmen. Den in Streubesitz befindlichen internationalen Konzernen vertrauen nur 15 % (Hauptstadtbrief 2018).

Viele Familienunternehmen sind regional stark verwurzelt, sie sind oft in Kleinstädten und auf dem Land angesiedelt. Als Arbeitgeber sind sie wichtig für die Gemeinde. Oft haben sie einen prägenden Einfluss auf den Ort und das Miteinander.

e) Gewachsener Mitarbeiterkern: hohe Motivation und Loyalität

Die Loyalität in Familienbetrieben ist oft sehr hoch, weil angestammte Mitarbeiterinnen und Mitarbeiter oft bereits seit mehreren Jahrzehnten im Unternehmen sind. Neue Leute werden meistens schneller integriert. Kein Wunder: In kleinen und mittleren Firmen geht es in der Regel um einiges persönlicher zu, schon aufgrund der Größe des Unternehmens – man kennt sich halt.

Die Mitarbeiterinnen und Mitarbeiter fühlen sich oft sehr verbunden mit dem Unternehmen. Das zeigt sich in Äußerungen wie »Ich bin schon seit xy Jahren bei …« oder noch prägnanter, wenn sich die Mitarbeiter mit dem Unternehmen so identifizieren, dass sie sagen: »Ich bin ein [Name der Firma].«

Immer wieder bin ich beeindruckt, wie sich Mitarbeiterinnen und Mitarbeiter für ihre Firma engagieren, etwa wenn sie am Samstag freiwillig in die Firma kommen, auf der Suche nach Lösungen für einen Kunden. Da wird dann gebastelt und probiert und am Montag mit dem Entwicklungsingenieur gesprochen und geprüft, ob sich der Ansatz umsetzen lässt. Auf Neu-Deutsch würde man dazu »Rapid-Prototyping« sagen. Dieses Engagement ist für mich einer der vielen Erfolgsfaktoren der deutschen KMUs: Kundenorientierung, Lösungsorientierung, Schnelligkeit und eine hohe technische Kompetenz.

Ein weiterer Vorteil: Kunden haben einen langfristigen Ansprechpartner, der sich als Stellvertreter der Firma wirklich verantwortlich fühlt und den »Firmengeist« weitergibt. Oft spürt man diese Verbundenheit zum Unternehmen, wenn man in der Telefonzentrale landet: Entweder hat man direkt einen kundigen Mitarbeiter als Ansprechperson am Apparat oder das Anliegen wird verantwortungsvoll weitergegeben und man bekommt eine zuverlässige Antwort. Als Kunde fühlt man sich wahrgenommen, die Mitarbeiter übernehmen Verantwortung für das Anliegen und wollen es lösen. **Viele Mitarbeiterinnen und Mitarbeiter denken wie ein Unternehmer.**

1.2.2 Fallstricke und Hürden: Erschwerende Bedingungen in Familienunternehmen

Die Besonderheiten von Familienunternehmen bieten denkbar beste Voraussetzungen, um sich klar fokussiert auszurichten und den Purpose zu leben. Allerdings gibt es Aspekte, die Familienunternehmen möglicherweise auf ihrem Weg belastet:

a) Vermischung von Beruf und Privatleben
Unternehmerfamilien zeichnen sich dadurch aus, dass sich geschäftliche und private Themen vermischen. Es wird überall – in der Firma und daheim – über alles gesprochen (über die Firma und Privates). Es findet keine Trennung zwischen Büro und Daheim statt, wie es für viele Angestellte normal ist. Das hat Auswirkungen auf die ganze Familie. Die Kinder erleben schon von klein auf die Wichtigkeit der Firma. In manchen Familien hat das Unternehmen die gleiche Bedeutung wie ein Kind. Gerade bei einer Gründung nimmt das Unternehmen sehr viel Raum ein. Oft fällt der Begriff »Die Firma ist mein Baby«, dahinter steht die Leidenschaft der Gründerin oder des Gründers.

Die fehlende Trennung zwischen Firma und Familie bedeutet natürlich, dass sich private Unstimmigkeiten innerhalb der Familie auf die Arbeit auswirken. Umgekehrt wirken sich Verstimmungen in der Firma auf die Familie aus. Das gehört zu den größten Herausforderungen im Alltag einer Unternehmerfamilie.

Bleibt eine Firma nur auf das Tagesgeschäft, Umsatz, Gewinn und Produktpalette fixiert, was leider nach wie vor die Regel ist, laufen fundamentale Fragen zum Warum ins Leere. Im günstigen Fall bleiben Business-Chancen ungenutzt, es verpuffen Zeit und Geld. Schlimmstenfalls bremsen sich Familienunternehmen dauerhaft aus, weil sie sich in Diskussionen oder persönlichen Querelen verlieren, statt ins Tun zu kommen. Das kostet Kraft und Chancen.

Die Vermischung von Beruf und Privatleben ist hinderlich und bietet besonderen Sprengstoff, erst recht wenn mehrere Generationen beteiligt sind. Letztendlich ist aber ein Familienunternehmen nur erfolgreich, wenn es gelingt, dass alle Familienmitglieder ein erfülltes Leben im Unternehmen und in der Familie führen. Die Arbeit am persönlichen und unternehmerischen Purpose bietet die Chance für alle Beteiligten, ihr Wofür und ihre zukünftige Rolle zu klären. Meine Erfahrung zeigt: Dies ist für viele Unternehmerfamilien genauso wichtig wie eine Geschäftsstrategie.

b) Generationenkonflikte

In Familienunternehmen sind oft mehrere Generationen aktiv – mitunter sind neben Kindern und den Eltern auch noch Oma und Opa als »Senior Chefs« im Unternehmen tätig. Entweder weil diese noch aktiv die Geschäfte führen oder aber noch mitreden, selbst wenn die Firma bereits offiziell übergeben wurde. Vielleicht kennen Sie Firmen, bei denen der 80-jährige Gründer noch sein Büro hat und regelmäßig kommt, um die Post zu verteilen.

Sind mehrere Generationen im Unternehmen tätig oder befindet sich das Unternehmen gerade im Generationenwechsel, zeigt sich besonders, wie stimmig dessen Ausrichtung und wie groß die Übereinstimmung in der Familie ist. Oft hat die nächste Generation neue Ideen und Ziele. Gerade in der momentanen Phase der digitalen Transformation müssen einige Familienunternehmen größere Veränderungen bewerkstelligen – entweder technisch, in den Abläufen oder beim Tempo der Lieferung. Oder sogar hinsichtlich der bisherigen Leistungs- und Produktpalette, die nicht immer zukunftsfähig ist.

Ganz wichtig: Bei solchen Konflikten gilt es, sowohl die ursprüngliche Gründungsidee der Firma als auch den neuen Ansatz der nächsten Generation zu berücksichtigen. Das ist sogar ein wertvoller Ideenpool für die Purpose Entwicklung (→ Kap. 2).

c) Familienunternehmen und Unternehmerfamilie

Nicht nur zwischen den Generationen gibt es Spannungsfelder, auch innerhalb der Unternehmerfamilie. In manchen Betrieben sind Familienmitglieder als Angestellte beschäftigt, die nicht direkt am Unternehmen beteiligt sind, aber Teil der Unternehmerfamilie sind. Das kann für eine Konstellation sorgen, die bei unternehmerischen Entscheidungen berücksichtigt werden muss und Ressourcen bindet. Auch alle Familienmitglieder, die nicht in der Firma arbeiten, aber zur Familie gehören, wollen teilweise eingebunden werden. Je größer die Familie, desto schwieriger ist es, eine klare Ausrichtung für die Firma zu entwickeln.

Werden verschiedene Vorstellungen nicht »auf Spur« gebracht, und zwar so, dass alle am gleichen Strang ziehen, blockiert sich die Firma. Die Entwicklung eines gemeinsamen Purpose – getragen von allen Familienmitgliedern – birgt die Chance, wieder mehr Gemeinsamkeiten zu schaffen und sogar Gräben zu überwinden, sofern es gelingt, Differenzen sichtbar zu machen, darüber zu reden und wertschätzend damit umzugehen.

d) Erwartungshaltung: Weitergabe an die nächste Generation
Oft unausgesprochen, aber doch immer zu spüren: die Erwartung an die Kinder, das Unternehmen weiterzuführen. Manchmal gibt es die Erwartung von Opa und Oma, dass die Enkel die Firma übernehmen. Hier besteht die Chance, durch die gemeinsame Entwicklung eines Purpose die Werte der Kinder und Enkel »abzuklopfen« und zu erkennen, ob es Purpose-Felder gibt, die für die nächste Generation wirklich relevant sind, um eine erfolgreiche Zukunft zu planen.

Erst kürzlich hatte ich ein Gespräch mit einer Tochter aus einem Familienunternehmen, die nicht in das Unternehmen eingestiegen ist. Als ich sie fragte, ob sie die Möglichkeit motiviert hätte, das Unternehmen zum nachhaltigsten der Branche zu entwickeln, bejahte sie die Frage mit leuchtenden Augen. Hier hätte ein gemeinsamer und offener Purpose-Prozess dazu führen können, dass die Tochter das Unternehmen übernimmt. Jetzt wird die Firma von einem externen Geschäftsführer geführt und die Tochter hat ihre eigene Firma gegründet.

Die Klärung des unternehmerischen und persönlichen Purpose ist eine ganz wichtige Entscheidungshilfe für alle Beteiligten, wenn es darum geht, ob die nächste Generation in das Familienunternehmen einsteigt. Bei einem professionellen Purpose-Prozess ist auch die Klärung der eigenen Bedürfnisse – Wer bin ich? – und der eigenen Rolle – Was bin ich? – ein Kernelement. Nur wen diese Fragen ehrlich beantwortet werden, ist dies die Grundlage für eine Entscheidung, die nicht nur die Nachfolgerin, den Nachfolger und das Familienunternehmen betrifft, sondern die ganze Unternehmerfamilie.

e) »Das haben wir schon immer so gemacht!«
Ich unterstelle ganz und gar nicht, dass Familienunternehmen schwerfällig sind – doch aus den genannten Vorteilen (gewachsene Strukturen, in Familienhand, fester Mitarbeiterkern, der die Ärmel hochkrempelt ...) resultiert Bewährtes:

- bewährte Abläufe, die durch wenig Mitarbeiterwechsel konserviert werden
- einen meist klar abgegrenzten Denkrahmen, der auf früheren Erfahrungen und bekannten Parametern beruht
- »alte Hasen«, die ihre Position oft hervorragend ausfüllen, aber eben so, wie sie es immer schon gemacht haben

Das muss gar nicht negativ sein, doch es führt dazu, dass dieses Bewährte oft nicht mehr hinterfragt wird. Dazu kommt, dass die digitale Transformation sehr viele Konstanten ins Wanken bringt: Arbeitsweisen, Reaktionszeiten, neue Produkt- und Technikanforderungen, die Fragezeichen, wie lange die bisherigen Leistungen noch Bestand haben oder ob es dringend nötig ist, unternehmerische Weichen neu zu stellen. Hier clasht meist Alt mit Neu. Mitunter, weil Know-how und Zusammenhänge fehlen, es Berührungsängste gibt oder weil größere Investitionen nötig sind, die mit hohen und belastenden Risiken verbunden sind. Die Folge: Die Mitarbeiterinnen und Mitarbeiter fühlen sich in ihrem Status angegriffen, das Gefühl der Sicherheit – was ändert sich alles? – geht verloren.

Keines der Extreme ist hilfreich: Weder ein totales Umkrempeln des Bestehenden noch ein ängstliches Ausweichen vor Neuem. Agiles Handeln bedeutet sehr wohl, Bewährtes abzuklopfen und das zu bewahren, was wertvoll für das Unternehmen ist. Es bedeutet aber auch, sich den aktuellen Veränderungen und Brüchen im Wirtschaftsleben zu öffnen und nicht zu warten, bis der Zug abgefahren ist.

Nägel mit Köpfen

Nun kennen Sie die vielfältigen Vorteile des Purpose. Sie sind sich der Besonderheiten bewusst, die Sie ausbremsen können, aber auch Ihrer wertvollen Trumpfkarten.

Im zweiten Kapitel wird es spannend:

- Sie ergründen, auf welcher Entwicklungsstufe Sie mit Ihrer Firma aktuell stehen.
- Sie kommen mit Herz, Hirn und Hand Ihrem Purpose näher.
- Sie erfahren, warum bestimmte Purpose-Ansätze oder Formulierungen kraftvoll sind und andere nicht.

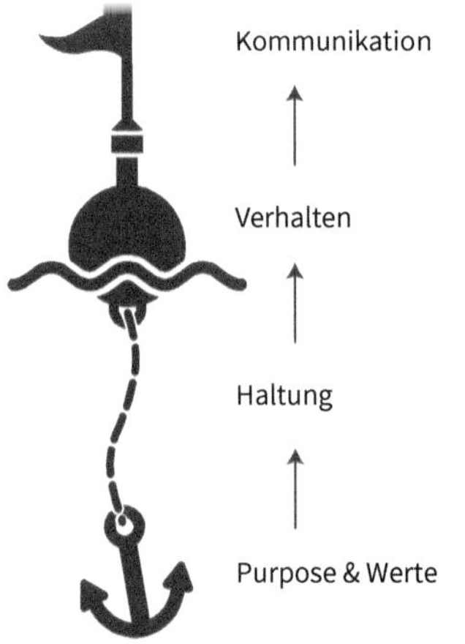

Abb. 2: Purpose- und Werte-Anker (Eigene Darstellung in Anlehnung an Ockenfels (2008))

„Das alles ist so schwer zu greifen, weil die Komplexität so zugenommen hat. Aber ich glaube, wir brauchen wieder Klarheit und Leitplanken, die uns Orientierung geben.

Führungskraft in einem Veränderungsprozess

2 Unsere Identität – In fünf Schritten zum Unternehmens-Purpose

Die Entwicklung des unternehmerischen Purpose bei einem Familienunternehmen ist abhängig von vier Fragen:

- Was passiert gerade um uns herum?
- Was braucht es in dieser Zeit, um als Unternehmen erfolgreich zu sein?
- Wo stehen wir als Unternehmen und wie gut sind wir auf die Veränderungen vorbereitet?
- Was ist Ihr persönliches Warum?

Die Knackpunkte dabei sind Ihre Unternehmenskultur und Ihr persönliches Warum. Es geht um Ihre Identität. Sie beschreibt, wie Sie in Ihrer Firma zusammenarbeiten, was Ihnen wichtig ist, welche Werte Sie leben und nach welchen Werten in Ihrem Unternehmen entschieden wird. Die Identität Ihrer Firma umfasst alles, was Ihr Unternehmen ausmacht, was das Besondere, das Eigene daran ist und wie **echt** es nach innen und außen wirkt. Das dabei vieles bewusst passiert und noch viel mehr unbewusst, macht dieses Thema zunächst schwer greifbar. Das ist ein Grund, warum Purpose-Projekte oft nicht ihre Kraft entfalten und in ihrer Wirkung verpuffen. Ein Verständnis für die eigene Identität ist jedoch entscheidend, um einen stimmigen Purpose zu entwickeln. Deshalb gebe ich Ihnen in diesem Kapitel ein sehr wertvolles Instrument an die Hand, mit dem Sie das schwer zu fassende Thema »Unternehmens-Purpose« besser in den Griff bekommen.

2.1 Einführung: Die Entwicklungsstufe des Unternehmens bestimmen

Mithilfe des Spiral-Dynamics-Modells können Sie die Entwicklungsstufe Ihres Unternehmens erkennen. Es ist wie eine Landkarte: Wo stehen wir? Wo wollen wir hin? Ihr aktueller Standort ist besonders wichtig, weil die digitale Transformation eher meistert, wer eine bestimmte Entwicklungsstufe erreicht hat.

Doch es reicht nicht, nur die Kultur der eigenen Firma zu kennen. Entscheidend ist es, immer auch den persönlichen Sinn zu klären, für den Inhaber, aber auch für die Führungskräfte, Mitarbeiterinnen und Mitarbeiter. Bei Familienunternehmen kann es nur dann einen kraftvollen Purpose geben, wenn darin eine große Übereinstimmung besteht. Ich habe in den letzten Jahren immer wieder aufwendige Purpose-Projekte im Sande verlaufen sehen, weil ein Purpose für die Firma entwickelt wurde, aber die Sinnfrage für die Inhaber und die Geschäftsführung nicht geklärt war. Es ist tragisch, wenn gut aufgesetzte Ansätze scheitern, weil die persönlichen Werte außer Acht gelassen werden.

„Nachhaltigkeit ist heute eine Pflicht, dafür brauche ich keine Vision. Dann könnte ich mich auch von der Angst treiben lassen. Keine Nachhaltigkeit bedeutet Riesenprobleme in unserem Leben und für nachkommende Generationen.

Michael Hartung

Deshalb gebe ich Ihnen in diesem Kapitel auch Einblick in ein Modell, das sich in der Arbeit mit meinen Kunden sehr bewährt hat: **Das Hartman-Werte-Profil und der Schwerpunkt auf den persönlichen Sinn**. Ein Unternehmen wird von Menschen geleitet. Darum ist immer relevant, was uns wichtig ist, wonach wir streben, was für uns persönlich sinnvoll ist.

2.2 Schritt 1 – Die Businessrealität erkennen: »Was passiert gerade um uns herum?«

Lassen Sie uns gemeinsam nach außen blicken. Um herauszufinden, was für uns persönlich und für die Firma Sinn macht, müssen wir den Kontext analysieren und wahrnehmen, was aktuell »da draußen« geschieht. Derzeit wird nonstop von der digitalen Transformation gesprochen und damit verbunden von der VUCA-Welt:

Die VUCA-Welt !

- Volatility (Volatilität):
  Wettbewerber, Technik und weitere Rahmenbedingungen ändern sich plötzlich und unerwartet. »Die einzige Konstante ist die Veränderung.« Sie läuft noch schneller ab als zuvor und betrifft alle Unternehmen.
- Uncertainty (Unsicherheit):
  Niemand kann sicher vorhersagen, was sein wird, wie sich etwas auswirkt und wie sich die Dinge entwickeln. Pläne und das Sich-vorbereiten-und-gerüstet-Sein funktionieren nicht mehr.
- Complexity (Komplexität):
  Alles im Unternehmen ist komplexer als zuvor. Es gibt sehr viel mehr Einflussfaktoren, die sich untereinander auswirken. Dazu kommen unbekannte Variablen. Wir müssen uns auf Neues einstellen, ausprobieren, um neue Erfahrungen zu sammeln.
- Ambiguity (Ambiguität):
  Die Businesswelt ist mehrdeutig: Informationen sind nicht mehr eindeutig zu bewerten, sondern interpretierbar. Dadurch kommt es verstärkt zu unterschiedlichen, manchmal widerstreitenden Sichtweisen, Unschärfen und Widersprüchen.

Bisher galt: Der Chef und die Führungskräfte wissen, wie es gemacht wird. Diese Zeiten sind vorbei, denn die Veränderungen sind so radikal, dass keine Führungskraft Erfahrung damit hat. Wer kann sagen, welche Antriebstechnik sich bei den Autos durchsetzt? Wann und in welcher Form kommt das autonome Fahren? Wie entwickeln sich Ernährungstrends weiter? Ist vegane Ernährung nur eine Modeerscheinung oder eine grundsätzliche Veränderung im Essverhalten? Werden noch mehr Menschen in die Großstädte ziehen oder wird Home Office zum Standard, der dazu führt, dass mehr Angestellte günstige Wohnungen auf dem Land suchen? Wie verändert sich unser Gesundheitssystem durch die digitale Medizintechnik? Welchen Einfluss hat das Internet der Dinge (IoT) auf Ihre Branche?

Das sind nur ein paar Fragen, doch sie zeigen auf, wie gewaltig die Veränderungen sein können und wie ratlos wir ihnen gegenüberstehen. Es gibt keine hundertprozentige Garantie, wie sich die Wirtschaft und unsere Gesellschaft in den nächsten Jahrzehnten entwickeln wird. Im Anblick dieser gewaltigen Veränderungen und Unsicherheiten »nur« von einer digitalen Transformation zu sprechen, bedeutet, zu kurzsichtig zu denken. Digitale Transformation klingt für viele nach: »Ach, da kaufen wir uns dann ein neues IT-System und dann sind wir wieder fit.« Doch diese Denkweise führt in eine Sackgasse! In Wahrheit befinden wir uns in der vierten industriellen Revolution. Und das macht einen riesigen Unterschied. Wir wissen von den vorhergehenden industriellen Revolutionen: Wer sich nicht anpasst, wer nicht aktiv die Veränderungen angeht und Chancen sucht, der geht unter und verschwindet vom Markt!

Ich habe in den letzten Jahren ebenfalls gedacht: *Ach, lass die doch machen mit ihrer digitalen Transformation, was soll sich bloß ändern, Laptop bleibt Laptop und Internet bleibt Internet.* Bis mir klar wurde, wie gewaltig diese Veränderungen sind, geprägt durch eine persönliche Erfahrung.

Digitalisierung in der Medizinbranche – das Unternehmen Lothar Medtec
Seit seiner Gründung im Jahr 2018 begleite ich als Business Angel ein Start-up in der Medizintechnik. Lothar Medtec entwickelt ein neues Gerät für die Lungenfunktionsdiagnostik und setzt dabei konsequent auf einen digitalen Ansatz. Der Gründer, Dr. Michael Hartung, ist seit zwei Jahrzehnten in diesem Bereich tätig und hat sich schon früh mit dem Internet der Dinge (IoT), künstlicher Intelligenz, Cloud Computing und digitalen Geschäftsmodellen auseinandergesetzt.

In seiner alten Firma hat er den Vorschlag gemacht, ein Gerät zu entwickeln, das nur 400 statt 4.000 Euro in der Produktion kostet, einfacher anzuwenden und komplett digitalisiert ist und dadurch eine Auswertung auf Expertenniveau ermöglicht. Was heißt hier »digitalisiert«? Für Michael Hartung bedeutet ein digitales Medizingerät: datengetrieben, intelligent, vernetzt, skalierbar, mobil und preiswert.

Doch bevor wir uns an diesem Beispiel veranschaulichen, was Digitalisierung bedeutet, lassen Sie mich die Anwendung des Gerätes beschreiben. Bisher war es so: Wenn Sie zu einem Arzt gehen und eine Lungenfunktionsdiagnostik durchführen, werden Sie von einer Arzthelferin angeleitet, um den Test richtig durchzuführen, und müssen sehr kraftvoll in das Gerät pusten. Als ich meinen ersten Test gemacht habe, spürte ich in den Tagen danach einen Schmerz im Hals. Lothar Medtec hat jetzt ein Gerät entwickelt, bei dem Sie ganz normal atmen. Der große Vorteil: Auch Kinder ab sechs oder sieben Jahren können einen Test durchführen. Die **Daten** werden dann in der Cloud verarbeitet und der Arzt erhält in Sekundenbruchteilen eine Auswertung. Auch läuft ein Projekt, in dem diese Daten – natürlich in anonymisierter Form – vom *Klinikum rechts der Isar* der TU München und von der Universität in Greifswald mithilfe von Lungenexperten ausgewertet werden. Dies bildet den Grundstein für die Erschaffung **künstlicher Intelligenz** und eine immer bessere Diagnose und Begleitung der Patienten.

Die **Vernetzung** über die Cloud bedeutet, dass die Daten verfügbar sind – natürlich konform mit den strengen Regeln des europäischen Datenschutzes – und von überall ausgewertet werden können. Damit verbunden ist der Vorteil der Skalierung. Ein digitales Medizinprodukt und die damit verbundene technische Infrastruktur muss so angelegt sein, dass es von Beginn an Tausende, ja Millionen Messungen durchführen und auswerten kann. Das wird durch entsprechende Schnittstellen und die Auswertung in der Cloud ermöglicht. Genau daran scheitern die klassischen Medizinprodukte, da sie weder die **Skalierbarkeit** noch die Vernetzung ermöglichen. Lassen Sie es mich an einem Beispiel erläutern. Denken Sie an ein Blutdruckmessgerät für daheim. Solche Geräte gibt es zu Hunderttausenden in deutschen Haushalten. Das bedeutet: Jeden Tag werden mehrere Millionen Messungen durchgeführt, doch die Daten können nicht genutzt werden, um wertvolles Wissen zu generieren. Bei einem digitalen Medizinprodukt können diese Daten verwendet werden, um ein tieferes medizinisches Verständnis zu generieren und die Behandlungschancen zu verbessern.

Mobil bedeutet, das Gerät kommt zum Patienten und nicht umgekehrt. Heutzutage muss der Patient für fast jede Messung in die Praxis kommen. Eine Ausnahme ist das Blutdruckmessgerät für daheim. Das ist auch das Ziel von Lothar Medtec: ein mobiles Messgerät für die Lungenfunktionsdiagnostik, das der Patient daheim anwenden kann.

Des Weiteren wird das Gerät dem Arzt kostenlos zur Verfügung gestellt. Er bezahlt nur 1 Euro pro Benutzung, ein Pay-per-use-Ansatz. Das ist zehn Mal **günstiger** als bisher! Ärzte, denen ein Gerät bisher zu teuer war, können nun Diagnosen durchführen. Wie bei vielen Krankheiten gilt: Je früher eine Schädigung oder Beeinträchtigung der Lunge entdeckt wird, umso besser sind die Heilungschancen und die Behandlung kostet weniger. Ergebnis: Den Patienten kann schneller, einfacher und günstiger geholfen werden.

Durch die agile und digitale Unternehmenskultur war die Entwicklung des Gerätes bis zur Marktreife auch viel schneller als bei einer gewöhnlichen Medizintechnik-Firma. Nach Angaben von Experten dauert eine vergleichbare Produktentwicklung normalerweise fünf bis acht Jahre. Im Fall von Lothar Medtec waren es nur zweieinhalb Jahre, also zwei bis drei Mal schneller!

- **Vorteile für den Patienten und die Krankenkassen:** Einfache Messung (kein druckvolles Ausatmen, sondern gewöhnliches Atmen), Einsatz bereits bei Kindern

möglich, bessere Heilungschancen, Kosteneinsparung durch Früherkennung, hochwertige Diagnose
- **Vorteile für den Arzt:** Geringe Kosten pro Messung, keine hohen Anschaffungskosten, weniger Personalaufwand, Diagnose auf Expertenniveau, robuste Entscheidungshilfe für die Überweisung an den Facharzt

In der Summe bedeutet Digitalisierung hier eine Verbesserung der Gesundheitsvorsorge für geringere Kosten.

»Aktuell lassen wir die Patienten erst richtig krank werden und dann behandeln wir sie, bis sie sterben. Die neue Idee ist: Wir lassen sie erst gar nicht krank werden. Der Aufwand ist mit den aktuellen Ansätzen riesig und nicht zu stemmen. Die Digitalisierung bietet uns die Chance, mehr Patienten rechtzeitig zu helfen.«
Dr. Michael Hartung, Gründer Lothar Medtec

Lothar Medtec ist auch ein hervorragendes Beispiel für **Disruption**. Es geht nicht nur um eine kleine Veränderung, ein neues Modell, das 10 % besser und 15 % teurer ist. Nein, hier können die bisherigen Geräte nicht mehr mithalten. Vergleichbare Geräte kosten 10.000 bis 12.000 Euro. Das leistet sich kein Hausarzt und Internist. Trotz dieses großen Kostenvorteils ist hier gar nicht das Produkt, das Gerät zur Lungenfunktionsmessung, die Revolution, sondern die digitale Lösung. »Am Ende geht es nur um Daten«, so Michael Hartung, »nicht das Produkt, die digitale Lösung ist entscheidend, nur digital können wir die Lungengesundheit der Bevölkerung verbessern«. Ehrlich gesagt habe ich lange gebraucht, um das zu begreifen: Es ist nicht das Produkt, sondern es sind die Daten, die Vernetzung, die Skalierbarkeit … Es ist der technische Sprung von der Kutsche zum Automobil, vom klassischen Handy zum Smartphone, von der CD zu Spotify. Eine Revolution in diesem Feld! Es zeigt auch, wie die physikalische, chemische, biologische und digitale Welt miteinander verschmelzen. Was ich immer nur als Schlagwörter kannte – Cloud, Internet of Things, Blockchain, Künstliche Intelligenz –, ist hier in der Realität umgesetzt.

Wie Sie sich vielleicht schon gedacht haben, konnte Michael Hartung seine digitalen und disruptiven Ideen in seiner ehemaligen Firma nicht umsetzen. Das war zu viel Veränderung und neues Denken.

»Es muss gelegentlich Revolutionen geben, d. h. es ändern sich die Regeln, es wird komplett anders. Die Digitalisierung stellt neue Regeln auf.«
Dr. Michael Hartung, Gründer Lothar Medtec

Diese persönlichen Erfahrungen haben mir deutlich gemacht, dass wir uns in der vierten industriellen Revolution befinden. Mir wurde klar: Hier geht es um viel mehr als eine digitale Transformation! Deshalb empfand ich es als sehr wertvoll, noch einmal zurückzuschauen: Was ist überhaupt eine industrielle Revolution?

»Eine industrielle Revolution ist eine Phase beschleunigter technologischer, ökonomischer und sozialer Veränderungen, die den Übergang zur einer neuen Gesellschaftsform bedeutet. [...] In der ersten industrielle Revolution war dies verbunden mit einer Wandlung der Familienstruktur mit einer zuvor unbekannten Intensität. Zudem führte der beschleunigte Wandel zu dramatischen kulturellen Brüchen und letztlich innerhalb einer Generation zur Transformation vormoderner Lebensweisen: Tradierte Strukturen des öffentlichen und privaten Lebens wurden aufgebrochen, gewohnte Lebens- und Arbeitsrhythmen radikal variiert; technische Entwicklungen erwiesen sich als Initialzündungen und Motoren massiver soziokultureller Wandlungsprozesse.« (Brockhaus 2010)

Kommt uns das nicht bekannt vor? Befinden wir uns nicht auch in einer Phase, die unseren Lebens- und Arbeitsrhythmus gewaltig verändert? Lassen Sie uns die Gründe und die Auswirkungen der letzten drei industriellen Revolutionen anschauen:

- **Erste Revolution (Mitte 18. Jahrhundert) – Von der Landwirtschaft zur Industrialisierung und Urbanisierung**
  Vorher war die Wirtschaft vom Handwerk und von der Landwirtschaft geprägt. Dann kam der große Schritt zur industriellen Produktion. Die Arbeitsbedingungen änderten sich radikal, Städte bekamen einen gewaltigen Zulauf durch die Gründung von Fabriken und der Schaffung zahlreicher Arbeitsplätze. Haupttreiber war die Erfindung der Dampfmaschine.
- **Zweite Revolution (spätes 18. Jahrhundert bis Erster Weltkrieg) – Explosives Wachstum der Industrie**
  Strom und Verbrennungsmotor ermöglichen die Massenproduktion. Es werden noch mehr Arbeitsplätze in den Fabriken geschaffen. Die industrielle Fertigung ermöglicht die günstige Herstellung von Produkten, die vorher von Handwerksbetrieben teuer erstellt werden mussten.
- **Dritte Revolution (1980er Jahre) – Personal Computer und Internet**
  Computer, neue elektronische Geräte und Technik halten Einzug in die Arbeitswelt. Arbeitsprozesse werden neu gestaltet und das Internet ermöglicht neue Branchen und Wachstumsmärkte.
- **Vierte Revolution (unsere Gegenwart) – Angetrieben durch massive Computerkapazitäten für geringe Kosten verschmelzen die physikalische, die chemische, die biologische und die digitale Welt**
  Künstliche Intelligenz, Internet of Things (IoT) und Blockchain ermöglichen neue Geschäftsfelder und verdrängen etablierte Unternehmen im Markt. Beispielhaft wird das Bankenwesen komplett durchgerüttelt und in den nächsten Jahren neu aufgestellt. Dazu treffend der Titel eines Buches »Bank 4.0. Banking everywhere but never at a bank.« – frei übersetzt: »Bank 4.0. Finanzdienstleistung überall, aber niemals bei einer Bank«. Das gewohnte Filialnetz der Banken wird es so in fünf Jahren nicht mehr geben.

Jede industrielle Revolution hat signifikante Auswirkungen auf den einzelnen Menschen, auf die Gesellschaft und unsere Firmen. Lassen Sie uns das an einem wissenschaftlich gut analysierten Fall verdeutlichen. Anfang des 19. Jahrhunderts gab es um die 80 Kutschenhersteller in New York. Als Henry Ford das Automobil auf den Markt brachte, legten die Kutschenhersteller ihren Fokus auf der Optimierung der Kutschen. Bequemere Sitze, bessere Federung und neue Türen waren ihre Themen. In diesen Bereichen – innerhalb ihrer Branche – waren sie durchaus innovativ, was ihnen aber nicht gelang, war der Sprung in die Automobilbranche! Obwohl sie sehr gute Voraussetzungen hatten, blieben sie in »ihrer Welt«.

! **Wichtig**

Der Blick in die Vergangenheit zeigt uns: Viele Unternehmen entwickeln erfolgreiche Innovationen im existierenden Geschäftsmodell, sind jedoch unfähig, den Übergang hin zu einem neuen Geschäftsmodell zu vollziehen.

Die Kutschenindustrie war zu kurzsichtig. Sie erkannte nicht, dass sie zur Mobilitätsbranche gehört und es den Kunden wichtig ist, von A nach B zu kommen – je schneller, desto besser. Sie erkannte nicht, dass ihre Branche bald in der Bedeutungslosigkeit verschwinden würde. Kennen Sie auch solche Firmen, die in ihrem Feld immer besser wurden, sich aber »am Markt vorbei« entwickelt haben? Was werden die Wettbewerber von Lothar Medtec machen? In sieben Jahren ein vergleichbares Produkt auf den Markt bringen? Erst einmal abwarten?

Unternehmen transformieren oder sie sterben!

Darum besteht der erste Schritt für Ihre Transformation darin, zu erkennen – und zu definieren –, was gerade um Sie herum geschieht:

- Wie sieht es aktuell in Ihrer Branche aus?
- Welche Themen (Technik, neue Kanäle, sichtbare Trends) gibt es oder zeichnen sich ab?
- Was machen Mitbewerber oder Firmen, die sich plötzlich in ihre Branche »einmischen« (wie die Automobilbranche bei den Kutschern oder die Smartphones in der Fotoindustrie)?

Denken Sie auch an Themen, die Sie zwar auf dem Schirm haben, aber hintanstellen, oder bei denen Sie sich derzeit sperren – etwa ein Online-Shop oder auch die Chance, sich selbst in eine andere Branche einzumischen.

2.3 Schritt 2 – Klarheit schaffen: »Was brauchen wir, um als Unternehmen erfolgreich zu sein?«

Selbst wenn Sie permanent technische Entwicklungen auf den Markt bringen und sogar Preise für Ihre Innovationen bekommen, reicht das noch nicht, um in drei bis fünf Jahren immer noch erfolgreich zu sein. Die Transformation in einer industriellen Revolution verlangt ein anderes Vorgehen als bei Innovationen im aktuellen Geschäftsmodell! Es ist ganz entscheidend, »digital zu leben«, und das ist viel mehr als eine bloße Frage der Technik:

- Das Unternehmen – und Ihre Mitarbeiter – ist ständigen Veränderungen ausgesetzt, die in immer kürzeren Abständen auf Sie zukommen werden. In der es oft nötig ist, ohne großen Vorlauf oder Erfahrungswerte zu handeln. Und die sich manchmal drastisch auf das jetzige Businessmodell und seine Prozesse auswirken werden.
- Die Menschen im Unternehmen und wie sie mit diesen Veränderungen umgehen können (bzw. es lernen) sind entscheidend. Es ist wichtig, auf Sorgen, Zweifel und Fragen einzugehen. Es ist aber noch viel wichtiger, Kultur und Prozesse mit und für die Menschen anzupassen, damit es überhaupt möglich wird, in der VUCA-Welt erfolgreich zu navigieren.
- Transformation kann nicht von oben delegiert werden.

Die große Gefahr ist, dass wir vor lauter Fokussierung auf die technischen Aspekte der Digitalisierung den entscheidenden Erfolgsfaktor vergessen: unsere Mitarbeiterinnen und Mitarbeiter. Wenn wir es nicht schaffen, das Spannungsfeld zwischen der Notwendigkeit von Veränderung und den Bedürfnissen der Menschen zu berücksichtigen, sind Transformationsprozesse zum Scheitern verurteilt. Wir behandeln in Kapitel 3 vertieft die Dynamik von Veränderungsprozessen, doch so viel vorab: Die Balance zwischen dem Wunsch der meisten Mitarbeiter nach Sicherheit, Stabilität, Bindung und Orientierung einerseits und die Dringlichkeit der Veränderung sowie die Suche nach neuen Lösungen in einem Wettbewerbsumfeld, das sich permanent verändert, andererseits, ist die größte Herausforderung für Führungskräfte.

»Es wird viel nach außen geredet, aber wenig gemacht.
Innerlich verkümmern wir hier gerade.«
Führungskraft in einem Veränderungsprozess

Die aktuelle Antwort auf diese Herausforderung ist: »Wir müssen agil sein!« Doch was bedeutet das? Eine Kernaussage des Agilen Manifests lautet: Wir bewerten Individuen und Interaktionen höher als Prozesse und Werkzeuge, das heißt, wir geben dem Menschen wieder mehr Bedeutung. Die **Stacey Matrix** verdeutlicht dies sehr gut: Je unbekannter die Aufgabe und je unbekannter die Lösung, desto flexibler – agiler – müssen wir arbeiten.

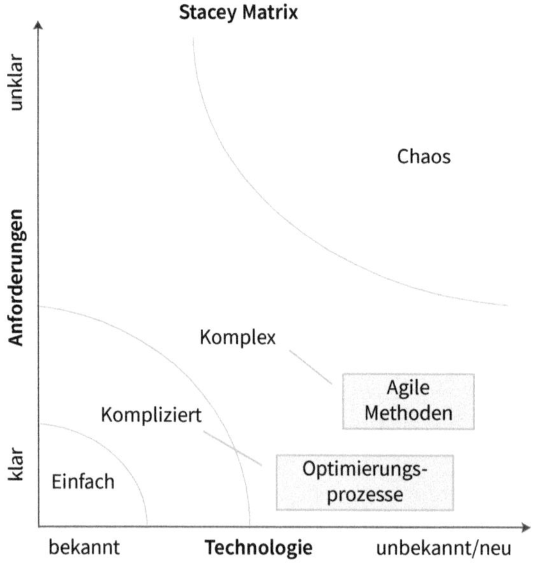

Abb. 3: Die Stacey Matrix

Aufgrund dieser Herausforderungen sind Ansätze wie Scrum und Design Thinking entstanden. Prozesse, in denen das gemeinsame Abstimmen, Lernen und Feedbackgeben die wichtigsten Bestandteile sind, weil keiner weiß, welche digitalen Lösungen es in zwei Jahren geben wird. Aber nur agil zu sein, reicht noch nicht. Um erfolgreich die Digitalisierung und die damit einhergehende Komplexität zu meistern, sind weitere Faktoren wichtig.

Fazit

Unternehmen, die die digitale Transformation meistern, ...

- erkennen, dass Daten zwar die Treiber der Digitalisierung, die Menschen jedoch der Schlüssel zum Erfolg dabei sind.
- haben eine hohe digitale Kompetenz in der Geschäftsführung.
- sehen Technik nicht als eine Funktion, sondern haben ein »digital Mindset«.
- beherrschen den Spannungsbogen zwischen Selbstorganisation, Individualität, Teamarbeit und Führung.
- fördern eine Lernkultur und permanente Reflexionsprozesse.
- binden ihre Mitarbeiter ein und gehen auf ihre Sorgen, Zweifel und Fragen ein.
- machen unterschiedliche Meinungen – Ambivalenzen – transparent und sehen sie als Dünger für Wachstum.
- schätzen die Grundbedürfnisse der Mitarbeiter nach Sicherheit, Bindung und Orientierung.
- haben einen klaren Purpose und eine Unternehmenskultur, die die Kompetenzen für die Transformation mitbringt und Verbundenheit erzeugt

2.4 Schritt 3 – Spiral Dynamics als Landkarte: »Wo stehen wir? Welche Haltung haben wir?«

Vielleicht haben Sie das Gefühl, Sie müssten sich aufgrund der Veränderungen – Digitalisierung, Globalisierung, Nachhaltigkeit, New Work – irgendwie weiterentwickeln. Und vielleicht ist Ihnen nicht ganz klar, wie Ihr Unternehmen aufgestellt sein sollte, um diese Herausforderungen gemeinsam zu meistern. Deshalb ist es so wichtig, Ihre Organisation zu verstehen, um zu erkennen, wie sie sich verändern sollte.

Unternehmen wie Menschen entwickeln sich über die Zeit, sie durchlaufen verschiedene Reifungsprozesse. Sie können sich die Entwicklung einer Firma wie das Wachstum eines Menschen vorstellen: Wir werden geboren, dann stecken wir in den Kinderschuhen, kommen in die Pubertät, Ausbildung, Studium, erster Beruf, Familie … Entsprechend bauen die Entwicklungsstufen jeweils aufeinander auf.

Einer der hilfreichsten Ansätze, diese Veränderungen zu erkennen, ist das **Graves-Value-System** – auch »**Spiral Dynamics**« genannt. Es erklärt auf verständliche Weise die Evolution von Menschen und Unternehmen und wird in den letzten Jahren immer mehr in der Organisationsentwicklung eingesetzt. Die einzelnen Entwicklungsstufen werden in diesem Modell durch spezifische Farben charakterisiert, auf die wir in den folgenden Kapiteln immer wieder zurückkommen.

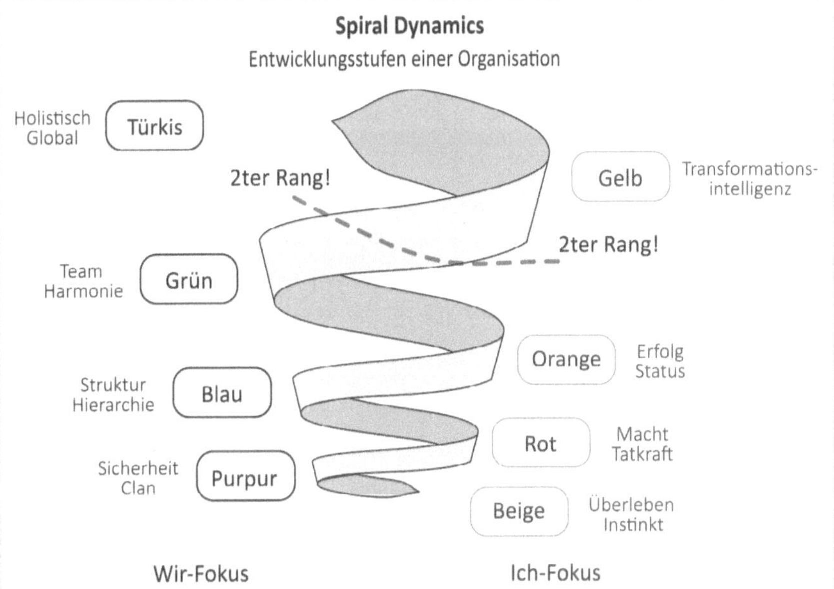

Abb. 4: Die Entwicklungsstufen von Spiral Dynamics (Quelle: Eigene Darstellung in Anlehnung an Beck & Cowan (2017))

!

Das Graves-Value-System

Das Graves-Value-System wurde von Clare W. Graves in den 50er Jahren entwickelt. Als Entwicklungspsychologe erforschte er, warum Menschen unterschiedlich sind, warum manche sich verändern, andere nicht, und wie wir uns angesichts der zunehmenden Komplexität unserer Lebensumstände einen besseren Weg bahnen können. Don Edward Beck und Christopher C. Cowan entwickelten sein Werk weiter, führten die Farben für die jeweiligen Stufen ein und gaben dem Modell in den 90er Jahren den Namen **Spiral Dynamics (SD)**. Von den beiden ist auch das grundlegende Buch zu diesem Thema »Spiral Dynamics – Leadership, Werte und Wandel: Eine Landkarte für Business und Gesellschaft im 21. Jahrhundert«.

Die Entstehung der Entwicklungsstufen sind treffend formuliert in dem Satz von Graves: »Die Probleme von heute sind die Lösungen von gestern, die Lösungen von heute sind die Probleme von morgen.« Das bedeutet auch: Es gibt keine perfekte Ebene, es bleiben immer Aspekte, die nicht passen. Doch Krisen sind der primäre Antrieb für eine Veränderung und Entwicklung.

Markieren Sie die Abbildung des Spiral-Dynamics-Modell (Abb. 4) am besten mit einem Post-it-Zettel. Wir kommen in diesem Buch immer wieder auf die Entwicklungsstufen und Farben zu sprechen, deswegen ist es praktisch, wenn Sie schnell diese Übersicht zur Hand haben.

Spiral Dynamics geht von folgenden Annahmen aus:

- **Die Entwicklung von Unternehmen und Menschen geht von unten nach oben, das Überspringen einer Entwicklungsstufe ist nicht möglich.** Es gibt keinen Aufzug! Man kann die Pubertät nicht überspringen. Das heißt: Wird die gelbe Stufe im Unternehmen angestrebt und man befindet sich auf der blauen Stufe, müssen erst die orangene und die grüne Stufe durchlaufen werden, bevor man die gelbe Stufe erreicht.
- **Alle Entwicklungsstufen des Modells sind prinzipiell gleichwertig,** keine ist aus sich heraus schlechter oder besser. Die Entwicklung ist immer eine Reaktion auf unsere Umwelt. Es kommt vielmehr auf die jeweilige Passung *mit* der Umwelt an.
- **Jede neue Entwicklungsstufe entsteht aus der Reaktion auf die bisherige Entwicklung.** Obere Entwicklungsstufen beinhalten die Werte bisheriger Entwicklungsstufen, gewichten diese jedoch anders. Die Komplexität nimmt dabei jeweils deutlich zu.
- **Wichtig ist, dass ein Unternehmen nie nur auf einer Ebene agiert.** Da die Ebenen durch Farben gekennzeichnet sind, spricht man auch davon, dass jedes Unternehmen bunt ist und Anteile aus den unterschiedlichen Entwicklungsstufen besitzt.
- **Es gibt immer ein Pendeln zwischen dem Fokus auf das Ich und dem Wir.** Jede Stufe hat entweder eine stärkere Prägung auf die eigene Person oder auf die Ge-

meinschaft. Jede Ich-bezogene Phase wird abgelöst von einer Wir-bezogenen Phase und umgekehrt. Als Eltern kennen Sie das, wenn die Kinder nach der Abnabelung (rote Phase) auf einmal wieder die Familie (blaue Phase) wertschätzen.

In Spiral Dynamics gibt es noch eine weitere Stufe, die auf Gelb folgt: Türkis. Hier geht es um »das große Ganze«, um eine ganzheitliche Sicht auf die Welt. Im unternehmerischen Kontext ist dieser Zustand aber noch kaum vorhanden und erforscht, darum gehe ich in diesem Buch nicht darauf ein.

Zu verstehen, woher ein Unternehmen kommt – was es geprägt hat –, und zu erkennen, auf welcher Entwicklungsstufe es steht, ist entscheidend, um einen authentischen Purpose zu entwickeln.

Impuls und Reflexionsübung

Auf den folgenden Seiten stelle ich Ihnen die Merkmale jeder Entwicklungsstufe näher vor. Bitte nehmen Sie einen Stift zur Hand und kreuzen Sie alle Stufen spontan an, die Sie in Ihrem Unternehmen nur zu gut (er)kennen – von früher oder auch aktuell. Damit arbeiten wir später weiter.
Sie können die Übersicht für die Beschreibung der Stufen bei den digitalen Extras auf mybook.haufe.de herunterladen.

! DIGITALE EXTRAS

Nicht relevant ist übrigens, wie lange Ihr Familienunternehmen bereits besteht. Wie beim Menschen spielt natürlich das Alter in der Entwicklung eine Rolle, doch es kann durchaus sein, dass Ihre Firma in einer früheren Entwicklungsstufe steckengeblieben ist oder diese etwas schneller durchlaufen hat.

Und noch etwas ist wichtig: Spiral Dynamics beschreibt, wie Menschen denken und sich verhalten. Das bedeutet jedoch nicht, dass sie »genau so sind«. Menschen passen sich an und verhalten sich je nach ihrem Umfeld unterschiedlich. Die Zeit nach dem Krieg war anders als die 70er Jahre und die Jahrtausendwende. Im Rückblick können wir besser verstehen, warum sich die Eltern und Großeltern so oder so verhalten haben. Durch die verschiedenen Stufen können wir beschreiben, welche Werte und welches Verhalten dominiert hat. Wir verstehen besser, was unser Unternehmen geprägt hat.

Es folgt eine Beschreibung der jeweiligen Entwicklungsstufen. Nach meiner Erfahrung können Unternehmer und Mitarbeiter ihr Unternehmen – oder eine Abteilung – einer Stufe zuordnen, die bei ihnen besonders ausgeprägt ist. Jede Stufe hat Vorteile, aber auch negative Ausprägungen.

2.4.1 Purpur – Der Patriarch bzw. die Matriarchin und die Gefolgschaft

Jemand hat aus dem Nichts ein erfolgreiches Unternehmen aufgebaut. Geprägt von einem starken unternehmerischen Geist, gepaart mit einer hohen Flexibilität hat er oder sie in wenigen Jahren große Erfolge erzielt. Der Familiencharakter steht im Vordergrund: Als Chef oder Chefin sind die Mitarbeiterinnen und Mitarbeiter sehr wichtig, für sie ist gesorgt – auch bei privaten Problemen. Im Gegenzug wird eine hohe Einsatzbereitschaft und Loyalität erwartet. Die Autorität wird nicht angezweifelt. Als klassischer Patriarch oder als Matriarchin ist klar, wer das Sagen hat. Langjährige Mitarbeiterinnen und Mitarbeiter sind die Säulen des Erfolges. Diese Dynamik ist besonders in klassischen Familienunternehmen der Nachkriegsgeneration zu finden.

Im Fokus: Das Wir

Die wichtigsten Werte	Autorität, Treue, Zugehörigkeit, Identifikation, Gefolgschaft, Bindung, Geborgenheit, Schutz, Sicherheit, Gehorsam, Opferbereitschaft, Tradition, Rituale, Gewohnheit, Zuverlässigkeit
Regeln	Ungeschriebene Gesetze, die vom Chef oder von der Chefin vorgegeben und nicht hinterfragt werden.
Führungsverhalten	Von oben nach unten. Die Meinung der vertrauten Mitarbeiter wird gehört, aber der Chef entscheidet.
Art der Zusammenarbeit	Die Zusammenarbeit erfolgt nach – oft nicht expliziten – Regeln, nach dem Prinzip von »Das haben wir schon immer so gemacht«. Ungefragte Anregungen sorgen eher für Irritationen, solange sie nicht vom engsten Kreis des Chefs, der Chefin kommen.
Verhalten gegenüber Veränderungen	Veränderungen werden als Bedrohung wahrgenommen. Skepsis gegenüber allem Fremden.

Positive Ausprägung	Negative Ausprägung
Der Chef sieht sich in der Verantwortung gegenüber den Mitarbeitern. Diese fühlen sich sicher und als Mitglied der Gemeinschaft gut aufgehoben, ihre Rolle ist klar definiert. Durch die autoritäre Führung kann in Krisensituationen schnell entschieden und reagiert werden.	Der Mitarbeiter ordnet sich unter. Die Identifikation erfolgt über die Gruppe. Dadurch ist die Abhängigkeit sehr groß. Eigene Ideen, Innovationen und Veränderungen sind schwer umzusetzen. Der Chef stellt seine Entscheidungen niemals in Frage.

2.4.2 Rot – Status, Erfolg und Macht

»Mein Auto, mein Haus, meine Yacht«

Nicht der Erfolg des Unternehmens, sondern der persönliche Erfolg ist auf dieser Stufe entscheidend. Auf der persönlichen Ebene sind die Abhängigkeit vom Chef, von der Gruppe und die fehlende Individualität in der vorherigen Stufe die Hauptgründe für die Weiterentwicklung auf die rote Stufe. Der Erfolg wird sichtbar nach außen getragen. Statussymbole (Geschäftswagen, Größe des Büros, Firmen-Smartphones, Bonuszahlungen …) sind prägend für diese Entwicklungsstufe. Wettbewerbsmentalität wird gefördert, Ellbogenmentalität macht sich breit, dem eigenen Erfolg wird alles untergeordnet.

Im Fokus: Das Ich

Die wichtigsten Werte	Persönlicher Erfolg, Kampfgeist, Geschwindigkeit, Mut, Unabhängigkeit, Stärke, Unermüdlichkeit, Macht, Status, egozentrisches Denken
Regeln	Regeln und Gesetze werden zum eigenen Vorteil interpretiert. Im Extremfall werden sie nicht beachtet. Es gilt das Recht des Stärkeren.
Führungsverhalten	Primäres Führen durch hohe Zielvorgaben. Wer seine Ziele erreicht, wird belohnt. Ein Nichterreichen der Ziele wird »abgestraft« durch ausbleibende Bonuszahlungen und Abstufung in der Hierarchie.
Art der Zusammenarbeit	Kooperation findet nur statt, wenn es sein muss oder vorgegeben wird. Informationen werden oft zurückgehalten um von internen Wissensvorsprüngen zu profitieren.
Verhalten gegenüber Veränderungen	Veränderungen werden positiv betrachtet, wenn sich dadurch neue Marktchancen ergeben. Veränderungen, die die Marktmacht bedrohen, werden aggressiv abgewehrt oder verdrängt.

Positive Ausprägung	Negative Ausprägung
»Rote« Unternehmen ergreifen die Initiative und sind – wenn sich neue Märkte ergeben – innovativ und dynamisch. Entscheidungen werden impulsiv und schnell getroffen.	Egoistische, kurzfristige Erfolgsorientierung und fehlende Teamorientierung. Schwächere werden ausgegrenzt. Kritische Meinungen sind nicht erwünscht. Die Zusammenarbeit im Team ist gering ausgeprägt. Jeder ist auf seinen Erfolg und sein Ansehen fokussiert.

2.4.3 Blau – Struktur, Organisation und Hierarchie

Nach der Fokussierung auf den persönlichen Erfolg und einer Ich-Fokussierung (auf den vorangegangenen Stufen) entsteht der Wunsch nach mehr Miteinander und klaren Regeln, die eingehalten werden. Die Regeln geben den Mitarbeiterinnen und Mitarbeitern Halt und Schutz. Aufgaben und Prozesse sind klar geregelt. Die Mitarbeiter wissen, was zu tun ist, die zuverlässige Erledigung der Aufgaben hat oberste Priorität. Disziplin, Genauigkeit und Einhaltung der Hierarchien prägen die Unternehmenskultur. Besonders die Finanzabteilungen von Unternehmen sind oft von diesen Werten geprägt.

Im Fokus: Das Wir

Die wichtigsten Werte	Transparente Ordnung, Verlässlichkeit, Gerechtigkeit, Disziplin, Qualität, Strukturen, Kontrolle, Zuständigkeiten, Loyalität, Ausdauer, Stabilität, Sicherheit, Titel, Hierarchie
Regeln	Regeln werden begrüßt, sie strukturieren und dominieren die Zusammenarbeit.
Führungsverhalten	Entscheidungen erfolgen aufgrund der Vorgaben und Hierarchien. Loyalität gegenüber der Führungskraft ist einer der Grundwerte.
Art der Zusammenarbeit	Nach klaren Prozessen und Vorgaben unter Einhaltung der Hierarchien.
Verhalten gegenüber Veränderungen	Unklare Zuständigkeiten bei unbekannten Aufgaben sorgen für langwierige Entscheidungsprozesse. Es muss erst ein Prozess für den Umgang mit Veränderungen entwickelt werden. Ohne klare Verantwortlichkeiten wird keine Entscheidung getroffen.

Positive Ausprägung	**Negative Ausprägung**
Die klaren Gesetze, Regeln und Prozesse geben den Mitarbeiterinnen und Mitarbeitern Sicherheit und Schutz. Aufgaben werden nach den vorgegebenen Anweisungen und Hierarchien abgearbeitet. Das garantiert den Kunden die vorgeschriebene Qualität und zuverlässige Bearbeitung. Mitarbeiter mit einer positiven Ausprägung sind sehr stabil und haben ein großes Verantwortungsbewusstsein.	Fehlende Flexibilität und Schnelligkeit ist ein Schwachpunkt dieser Organisation. Andere Meinungen werden teilweise nicht toleriert. Mitarbeiter mit einer eher negativen Ausprägung haben keine Toleranz, sind engstirnig und brauchen sehr lange für Entscheidungen. Eigeninitiative ist nicht erwünscht.

2.4.4 Orange – Persönlicher Erfolg, Ziele und Kundenfokus

Karriere, Erfolg, Freiheit und Wohlstand – das ist es, wonach die Menschen auf dieser Entwicklungsstufe streben. Sie wollen die Besten ihres Faches sein und dadurch gut und materiell abgesichert leben. Karriere ist ihnen aber nicht nur wegen des Geldes wichtig, sondern auch, weil sie dadurch in ihrer Leistung Anerkennung finden. Die Mitarbeiterinnen und Mitarbeiter verlieren dabei jedoch nicht den Blick auf das Ganze. Individueller Erfolg wird nicht zwangsläufig auf Kosten der anderen erreicht. Zielvereinbarungen und der Fokus auf den Kunden prägen die Zusammenarbeit. Die Mitarbeiter auf dieser Ebene sind dementsprechend selbstbewusst, planungsstark und zielstrebig.

Im Fokus: Das Ich

Die wichtigsten Werte	Leistungsfreude, Erfolg, Karriere, Status, Anerkennung, Wohlstand, Ziel- und Ergebnisorientierung, Produktivität, Verantwortung, Herausforderung, Freiheit, Wissen, Individualität, Selbstständigkeit
Regeln	Regeln stehen nicht im Mittelpunkt dieser Organisation. Erfolg ist entscheidend. Regeln sind dazu da, um Prozesse zu vereinfachen und Klarheit in der Organisation zu haben.
Führungsverhalten	Die klassische Führung durch Zielvorgaben. Die Ziele werden mit den Mitarbeitern abgestimmt. Wie die Ziele erreicht werden, wird von den vorgegebenen Prozessen und den Mitarbeitern entschieden. Solange die Ziele erreicht werden, haben die Mitarbeiter große Freiräume.
Art der Zusammenarbeit	Der individuelle Erfolg steht im Vordergrund, doch dieser ist geprägt von kollegialer Teamarbeit und der Motivation, mit dem Unternehmen Erfolg zu haben.
Verhalten gegenüber Veränderungen	Veränderungen werden als Chance und Herausforderung erkannt. Sie belegen das unternehmerische Handeln.

Positive Ausprägung	Negative Ausprägung
Mitarbeiter mit einer positiven Ausprägung motivieren ihr Umfeld durch ihre Dynamik und ihre positive Einstellung. Sie treiben Innovationen voran und sind neuen Strukturen gegenüber aufgeschlossen.	Durch Aktionismus werden teilweise strategische Ziele gefährdet. Mitarbeiter mit einer negativen Ausprägung haben ein starkes Konkurrenzdenken, pushen sich selbst zu neuen Höchstleistungen und wollen Veränderungsprozesse möglichst schnell durchziehen, was sie zu typischen Burn-out-Kandidaten macht.

2.4.5 Grün – Team, Toleranz, Innovation

Auf der grünen Stufe steht der Teamerfolg im Vordergrund. Partizipation und Einbeziehung sind entscheidende Elemente in der Zusammenarbeit. Zielerreichung durch gemeinsames Handeln und Konsensbildung. Angestrebt wird eine langfristige gemeinsame Erfolgssicherung. Auch hier hat der Erfolg des Unternehmens oberste Priorität, allerdings als Teamleistung. Der Mensch ist wichtiger als die Sache.

Im Fokus: Das Wir

Die wichtigsten Werte	Menschlichkeit, Teamerfolg, Kooperation, Toleranz, Harmonie, Offenheit, Kommunikation, Empathie, Ehrlichkeit, Networking, Wertschätzung, Lernen, Reflexion, Fairness
Regeln	Regeln gibt es für Abstimmungsprozesse und organisatorische Notwendigkeiten.
Führungsverhalten	Die Strategie und Ziele werden in Teams diskutiert und abgestimmt. Der Anspruch ist, Entscheidungen im Konsens zu treffen und alle Meinungen zu berücksichtigen. Nur in Extremsituationen entscheidet die Führungskraft direktiv.
Art der Zusammenarbeit	Sehr kollegial, das Arbeiten in multifunktionalen und Projektteams wird bevorzugt.
Verhalten gegenüber Veränderungen	Interessiert und offen, wenn die Veränderung von Menschen geprägt wird. Bei technischen Veränderungen kann die Motivation aufgrund der Neugierde und dem Interesse, etwas zu lernen, entstehen.

Positive Ausprägung	Negative Ausprägung
Einbindung der Mitarbeiter und Integration von allen, die bereit sind, erfolgreich zu sein. Der Erfolg wird als Teamleistung betrachtet und nicht von einzelnen Personen für sich beansprucht, daher hohe Motivation in der Belegschaft.	Mitarbeitern kann es schwerfallen, Entscheidungen zu treffen. In der negativen Ausprägung diskutieren sie zu viel, ohne dass wirklich etwas dabei herauskommt – geschweige denn umgesetzt werden kann. Eine sehr intensive Gefühlsorientierung unterstützt das gleichermaßen.

2.4.6 Gelb – Selbstverwirklichung, Wissen, Eigenverantwortung und Transformationsintelligenz

Das wahre Selbst entdecken

Mit Erreichen der gelben Stufe geht es eigentlich mehr als eine Stufe nach oben. Man kann fast schon von einem Entwicklungssprung sprechen. **Auf der gelben Stufe werden erstmals die Vor- und Nachteile der vorhergehenden Ebenen erkannt und verstanden.** Dadurch können je nach Situation die Stärken der jeweiligen Stufen genutzt und kombiniert werden. Es entsteht der sogenannte **zweite Rang**: Bisher haben die Mitarbeiterinnen und Mitarbeiter ihre Umgebung nur aus ihrer Perspektive als richtig angesehen. Ein »roter« Mitarbeiter kann nicht verstehen, warum Teamarbeit wichtig ist und er auf den Geschäftswagen verzichten soll. Ein »blauer« Mitarbeiter versteht nicht, warum die Prozesse und die Hierarchien nicht eingehalten werden. Ein »orangener« Mitarbeiter schüttelt den Kopf, weil ein erfolgreicher Verkaufsabschluss durch Regularien blockiert wird. Dies ist jetzt holzschnittartig formuliert, doch ist das Verständnis für den zweiten Rang ganz entscheidend für die digitale Transformation. Auf dieser Stufe wechselt die Entscheidungsfindung von äußeren zu inneren Maßstäben, die innere Stimmigkeit ist entscheidend. Die Wahrnehmung der Unterscheidung zwischen: *Was bin ich?* (Rolle) und *Wer bin ich?* (Mensch) rückt in den Fokus. Fragen, die uns beschäftigen: Fühlt sich diese Entscheidung richtig an? Stimmt sie mit dem überein, wozu ich mich berufen fühle? Die Treiber sind jetzt: Wissen anwenden und erweitern, unabhängiges, multiperspektivisches und systemisches Denken mit großem Abstraktionsvermögen, Netzwerken und wechselnde Kooperationen. Materieller Besitz, Macht und Status sind nebensächlich.

Im Fokus: Das Ich

Die wichtigsten Werte	Wissensvermehrung, Innovation, Flexibilität, Daten, Kompetenz, Individualität, Unabhängigkeit, Abwechslung, Multiperspektivität, Kreativität, lebenslanges Lernen, Integration von Wissen
Regeln	Regeln werden eher als hinderlich betrachtet und sie werden sehr flexibel ausgelegt.
Führungsverhalten	Menschen, die sich primär auf dieser Entwicklungsstufe bewegen, können sehr flexible Führungskräfte sein, aber auch sehr rigide und ichbezogen. Grundsätzlich tendieren sie dazu, viele Freiräume zu geben und – solange die Ziele erreicht werden – ihre Mitarbeiter nicht zu behelligen.
Art der Zusammenarbeit	Zwischen kollegialem Austausch und Abgrenzung auf die eigenen Themenbereiche.
Verhalten gegenüber Veränderungen	Aufgeschlossen und interessiert wenn sie in den eigenen Wissenskosmos passen, akzeptierend, aber weniger offen, wenn sie für sie weniger relevante Bereiche betreffen.

Positive Ausprägung	Negative Ausprägung
Die Erfahrung, mit unterschiedlichen Charakteren zu interagieren. In der gelben Entwicklungsstufe werden unterschiedliche Meinungen nebeneinander akzeptiert. Es gibt eine ausgeprägte Fähigkeit, mit unterschiedlichen Gefühlslagen umzugehen. Das Individuum steht im Mittelpunkt. Die Kompetenz in einer sich stark verändernden Umgebung zu navigieren: → Transformationsintelligenz.	Negative Ausprägungen sind Selbstüberschätzung, arrogant wirkende Ungeduld und fehlende Empfänglichkeit für die Gefühle anderer Menschen. Das kann im Extrem dazu führen, dass man in der gelben Stufe als rücksichtslos und egoistisch wahrgenommen wird. Gefahr, sich in endlosen Details zu verzetteln: → verkopft, fehlende Tatkraft.

Abteilungen können jeweils unterschiedliche Prägungen haben

Vermutlich haben Sie in mehreren Stufen Werte und Aussagen gefunden, die auf Ihre Firma zutreffen. In vielen Unternehmen gibt es deutliche Unterschiede zwischen den Abteilungen! Wenn das bei Ihnen so ist, dann gehen Sie die Stufen bitte noch einmal durch: Schreiben Sie alle Abteilungen auf ein Blatt Papier und notieren Sie daneben, welche Farbe(n) Sie jeweils sehen. Oft haben die Vertriebs-, die Finanz-, die Entwicklungs- oder die Personalabteilung jeweils eine unterschiedliche Prägung, und es lohnt sich, diese einzeln zu bewerten.

Hilfreiche Reflexionsfragen

- Gibt es eine dominante Stufe?
- War es für mich leicht oder schwer, die Entwicklungsstufen einzuschätzen?
- Bei welchen Stufen habe ich am meisten überlegt?
- Ist das Ergebnis für mich überraschend?
- Wie fühlt es sich für mich an? Macht es mich unruhig? Bestätigt es mein Bauchgefühl?
- Wo würde ich mir ein anderes Ergebnis wünschen (Soll-Ist-Vergleich)?
- Gibt es eine Stufe, zu der es mich besonders hinzieht, die ich als einfacher, besser oder erstrebenswerter empfinde? Wichtig: Es geht nicht um korrekte oder schöne Antworten, sondern darum, ehrlich zu sein.
- Gibt es deutliche Unterschiede zwischen den Abteilungen?

Es ist sehr wertvoll und aufschlussreich, die Übung im Team durchzuführen. Dadurch erhalten Sie die Möglichkeit, verschiedene Sichtweisen transparent zu machen. In vielen kleinen und mittleren Unternehmen gibt es ein sehr unterschiedliches Erleben, das von der jeweiligen Führungskraft beeinflusst sein kann, aber auch mit der Firmenzugehörigkeit zusammenhängt: Langjährige Mitarbeiterinnen und Mitarbeiter haben oft einen familiären Zusammenhalt, wenn Sie mit der Firma mitgewachsen sind, während später eingestellte Mitarbeiter das Unternehmen und den Umgang miteinander völlig anders erleben.

Mit Spiral Dynamics gelangen Sie an die Wurzeln dieser Zusammenhänge. Deswegen kommen wir in den folgenden Kapiteln immer wieder auf das Spiral-Dynamics-Modell zurück. Die erfolgreichsten Unternehmen im Prozess der Digitalisierung – wie Apple, Amazon und Alibaba – zeigen, wie stark dominante Persönlichkeiten diese Unternehmen prägen, so dass man teilweise schon von patriarchalen Kulturen (Purpur) sprechen kann. Fast alle haben aber auch folgende Kennzeichen: Gewinner- und Ellbogen-Mentalität (Rot), sehr eindeutige Regeln (Blau), Statusorientierung (Orange), gute Zusammenarbeit (Grün), hohe Individualität, Flexibilität und Datenorientierung (Gelb). Der entscheidende Erfolgsfaktor dieser äußerst erfolgreichen Unternehmen ist, dass sie variabel die Stärken der unterschiedlichen Stufen nutzen und sich den jeweiligen Anforderungen anpassen. Eine erfolgreiche Vertriebsorganisation in China aufzubauen, erfordert bestimmt mehr Kompetenzen auf der roten Stufe als die Niederlassung einer IT-Beratungsfirma in Dänemark (hier sind mehr grüne Kompetenzen gefordert).

Einer der Kernaussagen von Spiral Dynamics lautet: **Die Kompetenz, die Stärken und Schwächen von allen Stufen zu erkennen und zu nutzen, besteht erst auf der gelben Ebene!** Erst auf dieser Ebene erkennt man die Vor- und Nachteile der anderen Stufen. Vor Erreichen der gelben Stufe ist man von seiner Entwicklungsstufe überzeugt und hält sie für die einzig richtige.

Welche Entwicklungsstufe bietet die besten Voraussetzungen für die digitale Transformation?

Um in der vierten industriellen Revolution zu bestehen, braucht die Organisation einen hohen Anteil von »gelber« Kompetenz in seiner positiven Ausprägung. Je weniger Gelb im Unternehmen ist, desto mehr besteht die Notwendigkeit, die Fähigkeiten der gelben Entwicklungsstufen zu entwickeln.

> *»Spiral Dynamics hat mir die Augen geöffnet und endlich ein Erklärungsmuster gegeben, warum so viele mittelständische Unternehmen Schwierigkeiten, ja sogar eine Blockade, bei der digitalen Transformation haben. Sie diskutieren endlos und wollen alle mitnehmen (Grün) oder sind so hierarchisch fixiert und haben Angst, Fehler zu machen (Blau). Ihnen fehlt Gelb und auch Rot, um in die Umsetzung zu kommen.«*
>
> Dr. Michael Hartung, Gründer Lothar Medtec

Je mehr Gelb Ihre Organisation hat, desto größer ist die Wahrscheinlichkeit, dass Sie erfolgreich den bevorstehenden Wandel meistern, weil Ihr Unternehmen flexibel auf die unterschiedlichen Anforderungen reagieren kann. Beck und Cowan (2017) sprechen hier von **Transformationsintelligenz**: »Wesentlich, um in einer sich stark verändernden, chaotischen Umgebung zu navigieren [...] um ein System, ein Unternehmen oder eine Gesellschaft buchstäblich von einer Welt in die nächste zu führen.«

„Hinterlässt man Spuren im Sand? Das Bankkonto hinterlässt keine Spuren. Es sind die Menschen, die durch ihr Tun Spuren hinterlassen.

Karsten Kilian

Doch wie kommt das Unternehmen auf die gelbe Stufe? Es gibt keinen Aufzug! Sie können keine Entwicklungsstufe überspringen. Es bleibt nur der Weg, die Stufen der Reihe nach zu durchlaufen, bis Sie die gelbe Stufe erreichen. Um die jeweils nächste Stufe zu erreichen, gibt es **sieben Voraussetzungen**, die die Entwicklung beeinflussen. Die Kenntnis und das Bewusstsein für diese Voraussetzungen, die das Können und Wollen betreffen, ist entscheidend für die Geschäftsführung:

Wollen **= Veränderungsbereitschaft**	**Können** **= Veränderungsfähigkeit**
• Unzufriedenheit mit der aktuellen Stufe oder die Erkenntnis, dass es Zeit für eine Weiterentwicklung ist. • Offenheit für die Notwendigkeit von Veränderungen und einen Veränderungsprozess. • Einsicht in die Vorteile der Veränderung.	• Die Kompetenzen der aktuelle Stufe sind ausgeprägt. • Das Potenzial für Veränderungen ist vorhanden. • Wahrnehmen von und geeigneter Umgang mit Hindernissen. • Bereitschaft zum Ausprobieren, Integration des Gelernten.

Tab. 1: Sieben Voraussetzungen, um die nächste Entwicklungsstufe zu erreichen (Quelle: In Anlehnung an Bär-Sieber, Krumm & Wiehle (2015))

Nun haben Sie einen ersten Eindruck von der Identität sowie der Unternehmenskultur gewonnen, die Ihre Firma prägt. Auch können Sie jetzt besser die Unterschiede von Abteilungen beschreiben und kennen die Stärken und Schwächen der jeweiligen Entwicklungsstufe. Das bildet die Grundlage fürs Tun: Denn nun können Sie gezielt den Finger auf die wunden Punkte legen, die zeigen, in welchen Bereichen es Entwicklungsbedarf gibt, um die zunehmende Komplexität zu bewältigen.

In Kapitel 3 widmen wir uns dem Veränderungsprozess im Detail und schauen uns gemeinsam an, welche Faktoren für eine erfolgreiche Entwicklung in Richtung Gelb entscheidend sind.

2.5 Schritt 4 – Ihr persönlicher Purpose: »Warum mache ich das, was ich tue?«

Spiral Dynamics gibt uns auch sehr wertvolle Impulse für unsere persönliche Entwicklung. Das war der Ursprung des Modells. Es ging darum, die menschliche Entwicklung abzubilden. Lassen Sie uns darum die einzelnen Stufen noch einmal aus Ihrer persönliche Brille betrachten. Wann war Ihre rote Phase? Die Abnabelung von den Eltern. Der Wille, das eigene Ding zu machen. Dann kam die blaue Phase, der Wunsch nach Sicherheit und die Orientierung an anderen Menschen, an der Gruppe. In der orangenen Phase das Streben nach Erfolg, Status, Karriere, dem Geschäftswagen, der teuren Armbanduhr … Dann die Fragen: *Was will ich wirklich machen? Was ist für mich stimmig?*

Und die ersten Zweifel: *Warum stellst du alles infrage? Du hast doch einen tollen Job! Verdienst doch gut!* Diese typischen Fragen sind die Vorstufe zur grünen Phase: Der Wunsch nach persönlichem und menschlichen Wachsen: *Da muss es doch mehr geben!* Das Streben nach Erfolg in Verbindung mit Nachhaltigkeit und in der Gemeinschaft. Und dann vielleicht die Gedanken der gelben Stufe: *Wie kann man die Ressourcen effizienter einsetzen? Besser kooperieren, statt sich im Wettbewerb aufzureiben?* Der Durst nach Wissen und der Wunsch nach Selbstverwirklichung – der persönlichen Transformation.

Kommt Ihnen das bekannt vor? Sie können erleichtert sein, denn diese Gedanken sind ganz natürlich. Gerade die nachfolgende Generation in Familienunternehmen hat oft ein schlechtes Gewissen, wenn sie merkt, dass eine innere Stimme ihre Tätigkeit infrage stellt und sie vielleicht sogar »wegzieht« vom Familienunternehmen. Meistens ist dies verbunden mit der gefühlten Erwartungshaltung: *»Ich sollte doch die Firma übernehmen und erfolgreich weiterführen. Das erwarten meine Eltern und gerade Opa und Oma.«* Spiral Dynamics macht diese kritischen Fragen und Entwicklungen verständlicher, besonders das Pendeln zwischen einem Ich- und einem Wir-Fokus – zwischen der eigenen Person und dem Familienunternehmen. Letztendlich sind diese Fragen und inneren Stimmen ganz natürlich und ein Zeichen der Reifung Ihrer Persönlichkeit. Wie Sie noch mehr Klarheit in diesen Entwicklungsprozess bekommen, darum geht es auf den folgenden Seiten.

Meiner Erfahrung nach beschäftigen wir uns zu wenig mit der persönlichen Sinnfrage. Oft bleibt es bei Zielen wie:

- »Nächstes Jahr will ich den Umsatz unseres Unternehmens um 10 % steigern.«
- »Ich will die Firma übernehmen und einen internationalen Absatzmarkt erschließen.«
- »Wir wollen in den nächsten zwei Jahren im Ausland stark expandieren.«
- »Mein Wunsch ist, die Technik XY zur Marktreife zu bringen.«
- »Ich möchte, dass eines meiner Kinder die Firma übernimmt.«
- »Das größte Ziel ist, dass meine Enkelin das Unternehmen in vierter Generation führt.«

Solche Ziele sind durchaus erstrebenswert und vereinzelt durchaus motivierend. Allerdings bleiben sie oft kraftlos und fahren auf altbekannten Gleisen: entweder der Hoffnung »Das soll so sein!« oder der allzu statischen Planung, was in der vierten industriellen Revolution – und der VUCA-Welt – langfristig nicht realistisch ist. Mehr noch, die Erwartung an die nächste oder übernächste Generation, die Firma zu übernehmen, baut Erwartungen auf, die nicht Sie, sondern Ihre Nachfolger zu tragen haben. Und wer kann für jemand anderen entscheiden, was für sie oder ihn sinnvoll ist?

Doch schauen wir noch ein wenig näher hin: Der Grund, warum viele größere Vorhaben zwischendurch nicht vorangehen oder komplett aufgegeben werden, ist, dass der Antrieb fehlt! Manche nennen es »inneres Feuer«, anderen fehlt der Sinn. Manchmal spüren wir es, wenn wir abends ein paar Minuten Ruhe haben und darüber nachdenken: *»Was hast du heute eigentlich gemacht?«* Nach dem Aufstehen die ersten E-Mails gelesen, kurz gefrühstückt mit einem Blick in die Zeitung, ins Büro gefahren und dann den ganzen Tag nonstop Meeting, Telefonkonferenz und E-Mails gecheckt. Dann stellt sich das Gefühl ein: *»Ist es das wirklich? Will ich das in den kommenden Jahren machen?«*

Ein Grund, warum ich mich immer tiefer mit dem Thema Purpose beschäftigt habe, war die Erkenntnis, wie unzufrieden manche Familienunternehmer sind. Sogar wenn sie von außen betrachtet »alles haben«, die Firma gut läuft und wächst. Was fehlt, ist eine persönliche Zufriedenheit. Eine Zufriedenheit, die aus einer inneren Ruhe und Klarheit kommt.

Die meisten von uns legen zu viel Aufmerksamkeit auf den Beruf und ihre Karriere. Ohne es zu merken, kompensieren wir allzu oft durch beruflichen Status, was uns an eigenen Bedürfnissen und Wünschen fehlt. Ich kenne Unternehmer, die sich jahrelang mit den »Geheimnissen« des Erfolgs auseinandergesetzt haben. Sie haben Seminare besucht und Bücher gelesen mit Überschriften wie »So führe ich erfolgreich ein Unternehmen« »Wie werden wir ein exzellentes Unternehmen?«, und doch finden die meisten keine zufriedenstellende Antwort. Auch die Mitgliedschaft im »Erfolgsclub« oder »Club der Champions« brachte nur für ein paar Monate positive Impulse, doch dann war auch diese Vitaminspritze verpufft. Woran liegt das? Was fehlt uns bei diesen Ansätzen?

Dass das Streben nach Erfolg nur ein Aspekt im Leben ist, lässt sich am Beispiel von André Schürrle zeigen. Der Passgeber zum entscheidenden Tor im WM-Finale 2014 ist Weltmeister, Bundesliga-Profi und finanziell erfolgreich, doch unter der Überschrift »Vom Unglück, ein Fußballprofi zu sein« berichtet der Spiegel in Ausgabe Nr. 30/2020 über Schürrle, der sich mit 29 Jahren vom Fußball verabschiedet hat. Ein Ex-Profi auf der Suche nach seiner Identität. Die Kernfrage für ihn: *Wer bin ich? Und was bin ich so ganz ohne Fußball?* Das bringt es wie ein Brennglas auf den Punkt:

Wer sind wir, wenn wir unsere berufliche Rolle weglassen? Was bleibt dann noch übrig?

Wenn es Ihnen aktuell so geht wie Schürrle, dann seien Sie beruhigt: Es geht vielen Familienunternehmern so. Von außen erfolgreich, aber im Inneren auf der Suche: *»Wer bin ich? Und was bin ich, wenn ich das Unternehmen weglasse?«*

Lassen Sie diese Fragen auf sich wirken. Welche Gedanken kommen Ihnen in den Kopf?

Wenn Sie sich mit der Antwort auf diese Frage schwertun, kann ich das gut verstehen. Um eine Antwort zu bekommen, ist die Beschäftigung mit den eigenen Werten der hilfreichste Ansatz. In den letzten Jahren – auch im Business – wird der Fokus immer mehr auf Werte gelegt. Das ist großartig! Und doch bekomme ich Bauchschmerzen, wenn ich sehe, wie schablonenhaft und theoretisch damit umgegangen wird. Wenn ich auf der Straße spontan Leute fragen würde »Welche Werte sind für Sie wichtig?«, kämen

Schlagworte wie Ehrlichkeit, Gerechtigkeit, Respekt, Zuverlässigkeit, Toleranz, Treue, Freiheit, Anerkennung. Derlei Schlagwörter sind wie Werte von der Stange, und weil sie alles Mögliche beinhalten, können wir bei den meisten nur nicken: *»Ja klar, Ehrlichkeit ist ein total wichtiger Wert und Zuverlässigkeit und Toleranz auch!«*

Und in Unternehmen werden – bildlich gesprochen – die Werte schön hochgehalten, so hoch, dass man entspannt darunter durchlaufen kann. So bringt das nichts. Damit Werte ihre Kraft entfalten und wie ein innerer Motor für uns wirken können, müssen wir sehr viel genauer hinsehen – und etwas dafür tun. Nicht umsonst reden wir vom »inneren Antrieb«.

! **Der innere Antrieb**

→ Wenn wir unsere persönlichen Werte kennen und die Voraussetzungen dafür schaffen, dass wir sie leben können, **bekommen wir ein Gefühl der Erfüllung. Denn das, was wir tun, ist uns wichtig, es macht für uns Sinn.**

»Die beiden wichtigsten Tage deines Lebens sind der Tag, an dem du geboren wurdest, und der Tag, an dem du herausfindest, WARUM!« (Mark Twain)

Die Sinnfrage wird meistens ein wenig schwammig oder sehr spirituell ausgelegt, doch das ist in diesem Zusammenhang gar nicht gemeint. Es geht um das innere Gefühl, ob wir das, was wir tun, als sinnvoll erleben. Kehren wir es um, wird es noch klarer: Das, was wir tun und wofür wir es tun, ist nicht *sinnlos*. Alles, was wir als sinnlos empfinden, ist für die Katz, vergeudete Energie, wir könnten es auch lassen.

→ Wenn wir unsere persönlichen Werte kennen und die Voraussetzungen dafür schaffen, dass wir sie leben können, **tun wir uns sehr viel leichter im (Berufs-)Leben**: Wir sind in unserem Element, weil innere Werte häufig mit vorhandenen Fähigkeiten korrelieren.

»Wer ein WARUM zum Leben hat, erträgt fast jedes WIE.« (Friedrich Nietzsche)

Doch auch, wenn wir neue Fähigkeiten erwerben, es mit Problemen zu tun bekommen oder ein Vorhaben mehr Ausdauer und Anstrengung von uns verlangt, kommen wir leichter und motivierter durch.

→ Wenn wir unsere persönlichen Werte kennen und die Voraussetzungen dafür schaffen, dass wir sie leben können, **haben wir einen inneren Leuchtturm, der uns entscheidungssicher macht.**

»Sein, was wir sind, und werden, was wir werden können, das ist das Ziel unseres Lebens.« (Baruch de Spinoza)

Nicht nur für Unternehmen, sondern auch ganz persönlich dient ein klarer Purpose dazu, sicherer durch das Leben zu navigieren. Zu erkennen, wenn man auf dem falschen Dampfer ist, neue Weichen zu stellen oder Kurskorrekturen vorzunehmen. Genau deshalb brauchen wir unser persönliches Wofür und die Klarheit bei den eigenen Werten. Darauf aufbauend können Sie im Familienbetrieb den Unternehmens-Purpose stimmig ausrichten und gewinnen auch jenseits des Berufs eine klare Orientierung für Ihren Lebenskurs.

2.5.1 Der ganzheitliche Blick auf die eigene Person: Das Hartman-Werte-Profil

Um mehr Klarheit über unsere Werte zu bekommen und innere Unklarheit sichtbar zu machen, gibt es einen sehr wertvollen Ansatz. Ein Instrument, das uns zeigt, welche Bereiche entscheidend sind, um in Balance zu bleiben: Körper, Geist und Seele. Es macht sichtbar, was bei diesem diffusen Gefühl »Da stimmt etwas nicht« außer Balance gekommen ist. Das Hartman-Werte-Profil (HWP) wurde von Robert S. Hartman in den Grundlagen entwickelt.

Hartman beschäftigte sich intensiv mit Werten und der Bedeutung von Werten für unser Leben. Ihm wurde bald klar, dass einzelne Werte nicht ausreichen, um unsere Persönlichkeit zu beschreiben. Er definierte **drei Wertedimensionen**:

- die humane (Herz),
- die praktische (Hand) und
- die grundsätzliche (Hirn).

Diese Wertedimensionen kann man auch als Herz, Hand und Hirn bezeichnen. Die Dimensionen unterteilte er außerdem noch in **zwei Werteräume: außen** und **innen**, d. h. alles, was außerhalb, und alles, was in uns stattfindet. Das klingt zunächst theoretisch, aber lassen Sie es mich veranschaulichen (siehe auch Tab. 2).

Das Hartman-Werte-Profil: Die drei Dimensionen unserer Persönlichkeit

Wertedimension	Blick nach innen	Sicht nach außen
Menschliche Wertedimension: **Herz** intrinsisch Wie ich mich sehe und wie ich mich mit anderen verbinde.	*Wer bin ich?* **Eigene Bedürfnisse**	*Wer ist um mich herum?* **Empathie**
Praktische Wertedimension: **Hand** extrinsisch Wie ich meine Rollen definiere und bewerte, was zu tun ist.	*Was bin ich?* **Rollenklarheit, Erfolgsorientierung und Status**	*Was ist um mich herum? Was ist zu tun?* **Praktisches Denken**
Grundsätzliche Wertedimension: **Hirn** systemisch Wie ich meinen und den gesellschaftlichen Sinn definiere.	*Wofür bin ich auf der Welt?* **Persönliche Zielorientierung**	*Wofür ist das um mich herum?* **Strukturiertes Denken**

Tab. 2: Das Hartman-Werte-Profil (Quelle: Eigene Darstellung in Anlehnung an Hartman (2013))

Für Ihre persönliche Purpose-Entwicklung konzentrieren wir uns auf die **Innen**sicht und damit auf diese drei Fragen:

- Wer bin ich?
- Was bin ich?
- Wofür bin ich auf der Welt?

Das **Außen** sehen wir uns in den Folgekapiteln näher an.

Wer bin ich? ist die – nach innen gerichtete – Kernfrage der menschlichen Wertedimension. Es ist auch die Frage nach unserem Bewusstsein für uns selbst, unserem Selbstbewusstsein. Hartman (2013) sagt, »sich selbst zu sein ist die schwerste, aber auch die wichtigste Aufgabe in unserem Leben«. Er kommt zu dem Schluss, dass jeder Mensch nur für sich selbst sein Lebenskonzept erstellen kann. Die entscheidende Frage ist: Wer bin ich wirklich? Die schlichte Antwort heißt: »Ich bin ich.« Jeder Mensch ist einzigartig. Diese Grundhaltung steht im Gleichklang mit der Inschrift vom Apollontempel von Delphi »Erkenne Dich selbst«. Sie entspricht auch dem Spruch von Augustinus »Ich will, dass Du bist«. Selbsterkenntnis ist der entscheidende Schritt für mehr Zufriedenheit im Leben.

»Andere zu erkennen ist Weisheit, sich selbst zu erkennen ist Erleuchtung.«
Laotse

Was bin ich? ist die Frage in der extrinsischen – praktischen – Wertedimension. Die Dimension, die in unserer Gesellschaft am stärksten im Fokus steht: Welche berufliche Rolle habe ich? Welchen Status? Was habe ich geleistet? Welches Gehalt habe ich? Welches Auto fahre ich? Wohin fahre ich in den Urlaub? ... Besonders im unternehmerischen Kontext definieren wir uns über diese Aspekte, oft auch unbewusst.

Wofür bin ich auf der Welt? Bei dieser Frage geht es um die geistige Auseinandersetzung mit der persönlichen Sinnfrage. Was sind unsere persönlichen Prinzipien? Was sind unsere langfristigen Ziele? Im Gegensatz zur intrinsischen Wertedimension geht es hier um die intellektuelle Beschäftigung mit unserem Lebenskonzept.

Die Fragen *Wer bin ich?* und *Was bin ich?* sind so einfach und doch so schwierig zu beantworten. Allein, sich dieser Unterscheidung bewusst zu sein und zu wissen, aus welcher Perspektive wir auf uns schauen, ist eine unheimlich kraftvolle Übung, die unendlich wichtig für unsere Selbsterkenntnis ist.

Welche Wertedimension ist am wichtigsten?

Der Anspruch von Hartman war es, eine Wertewissenschaft zu entwickeln, die es möglich macht, Entscheidungen objektiv – wissenschaftlich – zu treffen, unabhängig von bestimmten ethischen, moralischen oder religiösen Vorstellungen. Auf Basis dieses wissenschaftlichen Ansatzes beweist Hartman, dass die menschliche Wertedimension am wertvollsten ist, danach kommt die praktische und schließlich die grundsätzliche:

Menschliche → Praktische → Grundsätzliche Wertedimension (Herz → Hand → Hirn)

Eigentlich ist dies leicht nachvollziehbar und verständlich: Das Wichtigste ist der Mensch. Dann folgt alles Materielle und zuletzt reihen sich Regeln und Strukturen ein. Diese Sicht entspricht selbst Artikel 1 unseres Grundgesetzes – »Die Würde des Menschen ist unantastbar« – sowie den moralischen Auffassungen aller großen Religionen. Doch wie sieht es in der Realität aus? Wie in unserem Arbeitsalltag?

Tatsächlich aber dominiert das Praktische – die extrinsische Dimension – in unserem Leben. Die berufliche Rolle und die Orientierung am materiellen Erfolg hat eine größere Bedeutung als unsere – wahren – persönlichen Bedürfnisse. Das Materielle wird meistens höher bewertet als das Menschliche. Und dies ist für mich eine Erklärung dafür, warum wir trotz materiellen Reichtums (extrinsische Ebene) nicht viel zufriedener sind als vor 50 Jahren. Entscheidend für unser persönliches Wohlbefinden ist die menschliche Ebene.

Doch Vorsicht: Dies bedeutet nicht, dass die praktische und die grundsätzliche Wertedimension unwichtig sind. Hartman schreibt, dass beispielsweise das Atmen eine grundsätzliche Dimension darstelle, denn ohne geht es nicht. Aber erst die Prinzipien unseres Grundgesetzes ermöglichen es uns, in Freiheit zu leben. Eine vernünftige Balance der drei Wertedimensionen ist daher anzustreben. Dies ist für mich ein weiterer großer Vorteil des HWP: Es macht uns klar, dass Herz, Hand und Hirn übereinstimmen sollten, damit wir langfristig kraftvoll und zufrieden agieren, arbeiten und leben können. Es macht Schieflagen sichtbar und gibt uns die Grundlage für eine sachliche Diskussion über alle drei Wertedimensionen. Sie können es mit einem Gesundheits-Check vergleichen: *Bin ich richtig aufgestellt? Stimmen die drei Lebensperspektiven für mich?*

Vorteile des Hartman-Werte-Profils !

Das Hartman-Werte-Profil ...

- zeigt, dass nicht einzelne Werte, sondern drei Wertedimensionen unsere Persönlichkeit prägen,
- verdeutlicht, dass wir die extrinsische Dimension priorisieren,
- unterstreicht, dass die Balance zwischen allen drei Wertedimension entscheidend für ein erfüllendes Leben ist, und
- belegt, dass die wichtigste Frage in unserem Leben »Wer bin ich?« und nicht »Was bin ich?« lautet.

!

Hintergrund: Die Wertewissenschaft

Prof. Robert S. Hartman gilt als bedeutender Vertreter der Wertewissenschaft (Axiologie) und Begründer der formalen Axiologie (mathematisch exakte Wertewissenschaft). Er wurde im Jahr 1973 für den Friedensnobelpreis nominiert für seine Bemühungen für den Weltfrieden und die nukleare Abrüstung.

Die Auseinandersetzung mit Hartmans Ansatz ist eine faszinierende Möglichkeit, das eigene persönliche Wertesystem zu reflektieren – sich selbst besser zu kennen – und dadurch den Weg zur persönlichen Zufriedenheit zu gehen. Schon in den sechziger Jahren des letzten Jahrhunderts hat er folgende Fragen formuliert, deren individuelle Beantwortung unsere persönliche Entwicklung und Sinnsuche fördert (Hartman 2013):

1. Wofür bin ich auf der Welt?
2. Warum arbeite ich für dieses Unternehmen?
3. Was kann mein Unternehmen tun, um mir zu helfen, mein Wofür zu erfüllen?
4. Wie kann ich meinem Unternehmen helfen, um mir zu helfen, mein Wofür zu erfüllen?

Als ich diese Fragen das erste Mal las, musste ich erst nachdenken, bevor langsam die Wirkung einsetzte. Wenn Sie an die Entwicklungsstufen von Spiral Dynamics denken, entsprechen diese Fragen einer gelben Haltung mit dem Streben nach Selbstverwirklichung (→ Kap. 2.4).

Hartman war seiner Zeit weit voraus und äußerst vielseitig. Beispielsweise war er der Mitbegründer des industriellen Profit-Sharing-Ansatzes. Viktor Frankl wollte mit ihm ein Institut für Werteanalyse und Logotherapie aufbauen. Mit Abraham Maslow wollte er ein »Institute for advanced Studies in Human Values« gründen. Leider starb er im Jahre 1973 viel zu früh mit 63 Jahren.

Weiterführende Informationen finden Sie beim internationalen Robert S. Hartman Institute: www.Hartmaninstitute.org

Das Hartman-Werte-Profil ist eine wissenschaftlich fundierte Methode, die mittlerweile von verschiedenen Anbietern als Online-Verfahren angeboten wird. Dahinter steht der Ansatz der formalen Axiologie (siehe Kasten), der sehr komplexe mathematische Berechnungen enthält, die sich hier im Buch leider nicht abbilden lassen. Darum beschreibe ich Ihnen auf den folgenden Seiten die Merkmale von Herz, Hand und Hirn etwas näher und formuliere einige Leitfragen, so dass Sie jede Wertedimension für sich ausloten können.

!

DIGITALE EXTRAS

Impuls und Reflexionsübung

Bestandsaufnahme der Wertedimensionen

Drucken Sie das Arbeitsblatt, das Sie bei den digitalen Extras auf mybook.haufe.de finden, aus und kreuzen Sie beim Lesen ohne groß zu überlegen an:

- **Ja** – Bei allen Aussagen, zu denen Sie direkt überzeugt nicken.
- **?** – Setzen Sie ein Fragezeichen bei Aussagen, die Sie ad hoc überfordern oder bei denen sich ein Ja, aber oder ein Jein meldet.

a) Herz: Die menschliche Wertedimension – Meine Bedürfnisse

Fühle ich mich an der richtigen Stelle im Leben? Im richtigen Job? Auf der richtigen Position? Ist es für mich stimmig? Bin ich im richtigen Film im richtigen Leben? Oder im falschen Film im richtigen Leben? Lebe ich das Leben meiner Eltern? Lebe ich mein Leben? Will ich die Firma leiten?

Fragen zu meinen eigenen Bedürfnissen: Wer bin ich?		
Ich kann meine Bedürfnisse – das, was mir wichtig ist – benennen.	❐ Ja	❐ ?
Ich fühle mich wohl in meiner Haut.	❐ Ja	❐ ?
Ich spüre Zufriedenheit/Erfüllung in mir.	❐ Ja	❐ ?
Meine Arbeit tut mir gut.	❐ Ja	❐ ?
Ich kann in meiner aktuellen beruflichen Funktion meine Stärken einsetzen.	❐ Ja	❐ ?
Ich gehe meistens voller Energie an die Arbeit.	❐ Ja	❐ ?
Ich verspüre Zufriedenheit mit meiner aktuellen Lebenssituation.	❐ Ja	❐ ?
Ich fühle mich in meinem Leben am richtigen Platz.	❐ Ja	❐ ?
Ich erlebe mein Leben insgesamt als sinnvoll.	❐ Ja	❐ ?

Je klarer und stimmiger Sie diese Fragen bejahen können, desto mehr Selbstsicherheit und Souveränität haben Sie. Sie sind sich Ihrer selbst bewusst.

b) Hand: Die praktische Wertedimension – Die berufliche Rolle

Mache ich das gerne, was zu tun ist? Ist meine Arbeit die richtige für mich? Habe ich die Kompetenzen für die Anforderungen? Macht es mir Freude, in diesem Umfeld zu agieren? Freue ich mich auf zukünftige Tätigkeiten oder vergeht mir die Motivation, wenn ich daran denke? Mache ich die Tätigkeit aus Pflichtgefühl gegenüber meinen Eltern (Familienunternehmen)?

Fragen zu meiner beruflichen Rolle: Was bin ich?		
Mein Beruf macht mir viel Freude.	❐ Ja	❐ ?
Ich habe in meinem Beruf die richtige Position.	❐ Ja	❐ ?
Ich bin glücklich mit meiner aktuellen beruflichen Situation.	❐ Ja	❐ ?
Meine beruflichen Aufgaben passen zu meinen Kompetenzen.	❐ Ja	❐ ?
Meine Arbeitsbedingungen stimmen für mich.	❐ Ja	❐ ?
Ich habe ein produktives Umfeld.	❐ Ja	❐ ?
Ich finde, dass ich in meiner Situation viel mitbestimmen kann.	❐ Ja	❐ ?
Ich habe eine klare Vorstellung von meinen beruflichen Zielen.	❐ Ja	❐ ?
Meine berufliche Entwicklung entspricht meinen Vorstellungen.	❐ Ja	❐ ?

Je klarer und stimmiger Sie diese Fragen beantworten können, desto mehr können Sie gestalten, erleben Selbstwirksamkeit und sind zufrieden mit Ihrem Beruf und Ihrer aktuellen beruflichen Situation.

c) Hirn: Die grundsätzliche Wertedimension – Wofür bin ich auf der Welt?

Will ich diesen Job in ein paar Jahren noch machen? Passt er zu meinen beruflichen Zielen? Bringt er mich in meiner beruflichen Passion weiter? Entsprechen die Ziele der Gesellschafter/der Unternehmerfamilie meinen eigenen Zielen? Kann ich überhaupt so gestalten, wie ich es will? Hier stellen Sie sich Fragen, die strategisch – grundsätzlich – relevant sind und die Ihren Blick auf Ihre berufliche Perspektive, die Welt und die Gesellschaft an sich betreffen:

Fragen, die ihren Blick auf ihre berufliche Perspektive, die Welt und die Gesellschaft betreffen		
Ich kann mich in meiner aktuellen beruflichen Rolle verwirklichen.	❐ Ja	❐ ?
Ich fühle Wertschätzung für meine Arbeit.	❐ Ja	❐ ?
Ich kann unter den aktuellen Umständen meine Lebensziele verfolgen/erreichen.	❐ Ja	❐ ?
Mein berufliches Engagement leistet einen wichtigen Beitrag zum Erfolg meines Unternehmens.	❐ Ja	❐ ?
Meine Arbeit ist ein wertvoller Beitrag zu einer besseren Welt.	❐ Ja	❐ ?
Ich glaube, dass die Wirtschaft die Herausforderungen der Gesellschaft lösen kann.	❐ Ja	❐ ?
Ich habe den Eindruck, dass die Entwicklungen auf der Welt gut und sinnvoll sind.	❐ Ja	❐ ?

Je klarer und stimmiger Sie diese Fragen beantworten können, desto klarer ist Ihr Purpose und Ihre Kontrollüberzeugung, wie Sie Ihr Leben selber in die Hand nehmen und gestalten. Sie kennen Ihren Leuchtturm und gehen überzeugt Ihren Weg.

So können Sie mit den Ergebnissen weiterarbeiten

- **Ist eine Ebene dominanter oder schwächer als die anderen?**
  Nehmen Sie wahr, was überwiegt bzw. was Sie bisher eher vernachlässigen: Betrifft es die Dimension Herz, Hirn oder Hand? In den meisten Fällen dominiert die praktische Wertedimension. Die berufliche Rolle hat die höchste Bedeutung, jedoch oft auf Kosten der menschlichen Wertedimension. Hier ist der Kern: Wie fühlen wir uns? Sind wir wirklich mit unserer Lebens- und Berufssituation zufrieden?
- **Gehen Sie den Fragezeichen in Ihrer Checkliste auf den Grund.**
  Manche dieser Statements sind umfassender oder komplexer. Hier treten zudem die inneren Unklarheiten zutage (*»Gute Frage … Das habe ich mir so noch nie genau*

überlegt/weiß ich jetzt gar nicht«). Nehmen Sie sich sukzessive die Fragezeichen näher vor, gehen Sie dabei nicht der Reihe nach vor, sondern starten Sie mit den Statements, auf die Sie am neugierigsten sind. Wenn Sie sich näher Gedanken darüber gemacht haben, beantworten Sie das Statement noch einmal: Gibt es jetzt ein klares Ja oder eher ein Nein?

- **Hinterfragen Sie Ihre Ja-Statements qualitativ.**
  Es ist wunderbar, wenn Sie überzeugt nicken können, doch noch mehr bringt es Ihnen – auch für die Purpose-Formulierung –, wenn Sie sich jedes Ja noch einmal vorknöpfen und schriftlich begründen, warum das ein Ja für Sie ist, z.B. woran Sie es festmachen, dass Ihre Arbeit wertgeschätzt wird oder inwiefern Sie einen wichtigen Beitrag leisten.

Und schließlich: Arbeiten Sie mit mehreren Familienmitgliedern im Unternehmen? Dann ist es eine gute Idee, dass diese den Selbstcheck ebenfalls für sich durcharbeiten. So kann jeder erkennen, welche Werte besonders wichtig sind. Die daraus entstehenden individuellen Purpose-Formulierungen sind die Grundlage, wenn sie anschließend einen gemeinsamen Unternehmens-Purpose formulieren, der für alle stimmig sein soll.

Das Hartman-Werte-Profil als Managementansatz !

Das Hartman-Werte-Profil eignet sich hervorragend als Führungsinstrument, weil es auf einfache Weise zeigt, wie wertvoll die Balance zwischen den Ebenen Herz, Hand und Hirn ist. Dadurch wird auch das Bewusstsein für die eigenen Bedürfnisse – die Seele – sichtbar. Der Ansatz verdeutlicht, wie wichtig die Abstimmung zwischen den drei Bereichen ist, damit Führungskräfte, Mitarbeiterinnen und Mitarbeiter kraftvoll in ihrer beruflichen Rolle wirken und dabei auch ihr »Ich« bewusster und harmonischer leben können. Mehr Impulse dazu finden Sie in Kapitel 4.3.1.

2.5.2 Formulieren Sie Ihren 3P-Purpose: Passion, Performance und Perspektive

Als Inhaber bzw. Geschäftsführer sollten Sie zuerst Ihren persönlichen Purpose formulieren, denn als Chef müssen Sie abgleichen, ob der Unternehmens-Purpose von Ihnen unterstützt werden kann (will). Ist das nicht der Fall, ist der Firmenpurpose eine reine Alibi-Geschichte.

Machen wir uns also daran, Ihren Purpose zu formulieren. Wenn Sie die Fragen zu den einzelnen Wertedimensionen nicht nur angekreuzt, sondern intensiver ausgeleuchtet haben, haben Sie genug Substanz, dass Ihnen dieser Schritt leicht fallen wird – und

Sie stellen sicher, dass Sie an den Kern kommen, der Sie authentisch macht, der Sie im positiven Sinne innerlich aufregt.

Erinnern Sie sich an die Definition zu Beginn des Buches: **Purpose bedeutet, ein sinnvolles Ziel zu haben.** Ein Ziel, das mehr ist, als nur die Erfüllung von Aufgaben, Umsatz und Gewinn. Ein Ziel, das motivierend ist, weil es einen Beitrag zu einer bewussteren Gesellschaft leistet, im Umgang miteinander, mit der Umwelt, mit den Ressourcen und mit sich selbst. Deshalb nennt man es Purpose. Es ist ein Ziel, verbunden mit dem Gefühl »Das ist richtig, das macht Sinn, das fühlt sich gut an«. Es ist die Antwort auf die Frage: »Warum mache ich das hier eigentlich?«

Doch Vorsicht: Da wir sehr stark extrinsisch »gepolt« sind, rutschen Purpose-Formulierungen gerne mal in Zielsetzungen ab. Beispiel: *»Ich möchte die Umsätze in den nächsten drei Jahren verdoppeln.«* → Das ist ein Ziel der praktischen – materiellen – Wertedimension (mehr Geld). Darüber hinaus fehlt die menschliche und die langfristige Perspektive. Es ist ein Purpose, der zu einseitig ist, weil er nicht in unserer ganzen Persönlichkeit verankert ist.

Das andere Extrem ist das idealistisch Unrealistische. Beispiel: *»Ich will, dass alle Menschen liebevoll miteinander umgehen.«* → In dieser Purpose-Formulierung zeigt sich ein überzogener Fokus auf die humane Werteebene. Es ist ein naives Wunschziel, was nicht erreicht werden kann. Zudem fehlt die Umsetzung (*Was mache ich dabei?*).

Damit ein Purpose kraftvoll für Sie wirkt und Ihnen Orientierung bietet, braucht es alle drei Wertedimensionen, die Sie zuvor näher ausgelotet haben:

- Er soll Sie emotional berühren (Herz → Passion).
- Sie müssen ihn umsetzen können (Hand → Performance).
- Er sollte eine langfristige Wirkung haben und zu Ihrer persönlichen Strategie passen (Hirn → Perspektive).

Mein eigener Purpose
Um Ihnen ein praktisches Beispiel zu geben, habe ich meinen eigenen Purpose auf die folgenden drei Dimensionen heruntergebrochen.

Passion: Viele Firmen unterschätzen den Aspekt, dass Mitarbeiter ihre Potenziale entfalten und ihre Fähigkeiten einbringen können. All das hat natürlich Auswirkungen auf die Familie. Wie oft sind Mitarbeiter genervt und kommen angespannt und unzufrieden nach Hause. Darum treibt es mich an, den Unternehmen und Menschen darin mehr Selbstbewusstsein und Lebensqualität zu schenken, vor allem die Zusammenarbeit im Unternehmen zu verbessern. Denn häufig liegt der Fokus darauf, Technik und Produkte zu perfektionieren, während in der Zusammenarbeit noch viel Luft nach oben ist.

Performance: Durch die Kombination von Konzepten der Wertewissenschaft (Hartman-Werte-Profil und Spiral Dynamics), systemischen und hypnosystemischen Ansätzen biete ich einen Ansatz, der sich stark von klassischen Beratungen unterscheidet. Ich bezeichne mich auch nicht als Berater, sondern als Impulsgeber für Familienunternehmen.

Perspektive: Seit über zehn Jahren verfolge ich diese persönliche Strategie und Leidenschaft, die ich Schritt für Schritt umsetzen und auch in den nächsten Jahren noch vertiefen möchte. Ich fühle mich auf dem richtigen Weg, das ist ein sehr erfüllendes Gefühl.

Mein persönlicher Purpose – in der Kurzform – lautet daher:

Mein Purpose-Satz !

»Ich gebe Familienunternehmen Impulse, um besser zusammenarbeiten zu können, damit jeden Tag ein paar mehr Menschen gerne zur Arbeit gehen. Das ist gut für die Mitarbeiter, deren Familie, die Firma und für die Gesellschaft.«

Der Purpose von Julian Lechner

Julian Lechner, Gründer von *Kaffeeform,* produziert Kaffeetassen aus Kaffeesatz, der – in ausgewählten Berliner Cafés – abgeholt und weiterverarbeitet wird. Lassen wir Herrn Lechner im O-Ton über seinen persönlichen Purpose sprechen:

Passion: »Die Motivation kam ganz stark von mir selbst, dass die Idee trägt, dass das ein Nutzen und Mehrwert für viele Menschen hat und ich auch der Erste bin, der mit dieser Idee rauskommt … es zu zeigen, dass es geht.«

Performance: »Das ist so ein verrücktes Konzept, ich zeige allen da draußen, dass es möglich und nutzbar ist, dass es praktisch ist … dass man etwas Minderwertiges (Verwendung von Abfallprodukten) in etwas Höherwertiges transformiert (Kaffeetassen) … und die Idee ist nicht nur auf Kaffeereste beschränkt.«

Perspektive: »Etwas Sinnvolleres zu tun und die Zeit, die man täglich reinsteckt, dass die zu etwas Positiven in unserer Gesellschaft beiträgt … und dass man gemeinschaftlich so eine kleine Bewegung aufbaut … eine von vielen kleinen Firmen ist, die etwas verändern wollen.«

Sein Purpose – in der Kurzform – lautet:

> **!** **Purpose-Satz von Julian Lechner**
> *»Durch die Verwendung von Abfallprodukten (Kaffeereste) möchte ich die Ressourcen besser nutzen und dadurch einen Beitrag zu einem anderen Umgang mit unserer Umwelt leisten – und das auch in der Art der Zusammenarbeit mit den Mitarbeitern und unseren Partnern.«*

Das komplette Video-Interview mit Julian Lechner finden Sie unter: www.FamilyBrands.de/Purpose

Jetzt sind Sie dran! Bitte versuchen Sie nicht, aus dem Stand ins Reine zu schreiben. Probieren Sie etwas herum, bestücken Sie Ihren Purpose unterschiedlich und spüren Sie in sich hinein, was sich am besten anfühlt und Sie begeistert. Erwarten Sie auch nicht, dass Sie sofort Ihren Purpose druckfertig formulieren. Lassen Sie die Eindrücke der letzten Seiten wirken. Im Idealfall gehen Sie spazieren, nehmen sich eine Auszeit und geben Ihren Gedanken Raum und Zeit. Falls Sie ein Journal oder eine Datei angelegt haben, sollten Sie jetzt darauf zurückgreifen. Schreiben Sie auf, was Ihnen durch den Kopf geht. Das Schreiben hilft, die Wirkung der eigenen Gedanken zu spüren. Ich persönlich schreibe am liebsten mit einem Füller, manche auf dem Laptop oder Handy. Reflektieren Sie Ihre Notizen. Genießen Sie es, Zeit für sich zu haben. Wir machen so viele Termine mit anderen Menschen, verbringen unzählige Stunden mit Präsentationen und Meetings. Wie viel Stunden im Jahr nehmen Sie sich Zeit für das wichtigste Thema in ihrem Leben: Wofür sind Sie auf der Welt?

> **!** **Hintergrund: Der persönliche Purpose im Familienunternehmen**
> In Familienunternehmen haben in der Regel mehrere Personen »das Sagen«, entweder weil die Geschäftsleitung aus mehreren Familienmitgliedern besteht oder externe Mitarbeiter für die oberste Führungsebene eingestellt wurden. Denken Sie auch daran, dass Familienmitglieder aktiv im Business mitreden können, selbst wenn sie keine formale Rolle innehaben. In solchen Fällen, also wenn mehr als eine Person die Geschäfte prägt und den Kurs bestimmt, ist es empfehlenswert, dass sich alle Beteiligten mit ihrem *persönlichen* Purpose auseinandersetzen, bevor es darum geht, einen Unternehmens-Purpose zu formulieren. Allerdings will das nicht jeder. Beispielsweise gibt es immer wieder die Konstellation, dass die Kinder, die das Unternehmen übernehmen wollen oder sollen, einen Purpose-Prozess möchten, aber die Eltern nicht. Gerade für die ältere Generation ist das Konzept der Sinnfrage und der eigenen Bedürfnisse oft zu abstrakt. Eine typische Aussage von erfahrenen, älteren Inhabern lautet: *»Über Gefühle haben wir nicht geredet. Genuss oder Sich-Ausleben, diese Wörter gab es bei uns nicht. Es stand die Firma, die Arbeit und die Leistung im Vordergrund.«*
> Deswegen ist es ideal, wenn alle Personen, die die Firma steuern, zunächst ihren eigenen Purpose hinterfragen, damit dieser im Unternehmens-Purpose berücksichtigt werden kann. Dies ist jedoch keine Voraussetzung.

„Der Sinnprozess muss aus dem Top-Management kommen, um mehr Kreativität, mehr Unternehmertum zu fördern.

Tilman Peschke

2.6 Schritt 5 – Den Unternehmens-Purpose formulieren: Von den Werten zum Warum

Ein kraftvoller Unternehmens-Purpose lässt sich am besten auf systematischem Wege entwickeln. Dabei gehen wir ähnlich wie bei der Formulierung des persönlichen Purpose vor, doch es wird natürlich ein wenig komplexer. Perfekt wäre es, wenn die zentralen Köpfe im Unternehmen – also die Firmenleitung und gegebenenfalls Familienmitglieder, die »informell« das Business mitsteuern – zuerst ihren persönlichen Purpose bestimmen. Das gibt ihnen einerseits eine klare Vorstellung, wie sie von den Wertedimensionen zu einem formulierten Purpose kommen, andererseits können sie sozusagen am eigenen Leib spüren, wie sich der Purpose anfühlt, wenn er ausgewogen die drei Wertedimensionen Herz, Hand und Hirn enthält. Auf diese Weise können sie den Prozess zum Unternehmens-Purpose firmenintern moderieren, wenn sie keinen externen Berater hinzuziehen möchten.

Grundsätzlich gilt: Binden Sie bitte Ihre Mitarbeiterinnen und Mitarbeiter unbedingt in den Unternehmens-Purpose ein! Ein »von oben« aufgedrückter Purpose bringt ebenso wenig wie ein »Mission Statement« oder ein Werbeslogan, der von einer Agentur entwickelt wird, ohne dass irgendwer zuvor einbezogen wurde. Wichtige Werte und ein sinngebender Unternehmens-Purpose müssen individuell berühren und motivieren, damit er Zugkraft entwickeln kann.

Für einen Purpose-Prozess auf Unternehmensebene sind neun bis fünfzehn Personen ideal. Bei weniger als zehn Mitarbeitern sollten alle am Purpose-Prozess beteiligt sein, natürlich auf freiwilliger Basis! Wer partout nicht möchte, muss nicht. Ist Ihr Unternehmen größer, treffen Sie eine Auswahl für die Purpose-Arbeitsgruppe, also eine Mischung aus Inhabern, Führungskräften und Mitarbeitern (bewährt hat sich jeweils ein Drittel).

2.6.1 Werden Sie sich Ihrer Unternehmenswerte bewusst

Sie haben sich mit Ihren eigenen Werten befasst und Ihren persönlichen Purpose formuliert. Nun geht es darum, die Werte auszuloten, die für Ihr Unternehmen stehen (sollen). Damit wir die wichtigen Unternehmenswerte heraussieben, gehen wir systematisch vor. Zunächst tragen Sie mit Ihrer Arbeitsgruppe alle aktuellen Werte zusammen: Das können sichtbare Werte sein, die Sie klar definiert haben, es sind jedoch meistens unsichtbare, gelebte Werte.

! **Wichtig**

In der Werte-Sammelphase gelten die bekannten Brainstorming-Regeln: Alles wird notiert, es wird nicht bewertet, diskutiert oder zensiert.

a) Welche Werte gibt es bei uns?

Wo Menschen zusammenleben, herrschen immer bestimmte Werte. Auch wenn sie nicht offiziell niedergeschrieben sind, bilden Werte die unsichtbaren Leitplanken für die Unternehmenskultur, für die Zusammenarbeit und für Entscheidungsprozesse.

Haben Sie anhand von Spiral Dynamics definiert, welche Entwicklungsstufen Ihre Firma bereits durchlaufen hat und wo Sie derzeit stehen? Dann sehen Sie sich die Kernwerte noch einmal an, die in der jeweiligen Entwicklungsstufe vorherrschen:

Gelb	Wissensvermehrung, Innovation, Flexibilität, Daten, Kompetenz, Individualität, Unabhängigkeit, Abwechslung, Multiperspektivität, Kreativität, lebenslanges Lernen, Integration von Wissen
Grün	Menschlichkeit, Teamerfolg, Kooperation, Toleranz, Harmonie, Offenheit, Kommunikation, Empathie, Ehrlichkeit, Networking, Wertschätzung, Lernen, Reflexion, Fairness
Orange	Leistungsfreude, Erfolg, Karriere, Status, Anerkennung, Wohlstand, Ziel- und Ergebnisorientierung, Produktivität, Verantwortung, Herausforderung, Freiheit, Wissen, Individualität, Selbstständigkeit
Blau	transparente Ordnung, Verlässlichkeit, Gerechtigkeit, Disziplin, Qualität, Strukturen, Kontrolle, Zuständigkeiten, Loyalität, Ausdauer, Stabilität, Sicherheit, Titel, Hierarchie
Rot	persönlicher Erfolg, Kampfgeist, Geschwindigkeit, Mut, Unabhängigkeit, Stärke, Unermüdlichkeit, Macht, Status, egozentrisches Denken
Purpur	Autorität, Treue, Zugehörigkeit, Identifikation, Gefolgschaft, Bindung, Geborgenheit, Schutz, Sicherheit, Gehorsam, Opferbereitschaft, Tradition, Rituale, Gewohnheit, Zuverlässigkeit

Die Werte auf den verschiedenen Entwicklungsstufen bilden nur Anhaltspunkte! Sie brauchen sich also nicht auf diese Werte zu beschränken oder sämtliche Werte auszuwählen, nur weil sie zu den Entwicklungsstufen gehören, die Sie mit der Firma durchlebt haben.

Besprechen Sie in Ihrer Arbeitsgruppe, was die jeweilige Entwicklungsstufe in Ihrem Unternehmen ausmacht, und wählen Sie aus, welche Werte derzeit im Unternehmen bedeutsam sind, weil sie wichtig sind oder weil mehrere Teilnehmer der Arbeitsgruppe sagen: Das ist bei uns so. Vermeiden Sie in dieser Phase Diskussionen und Gegenrede!

Nicht jeden Wert will man hören. Dies gilt besonders für den Fall, dass ein Betrieb frisch übernommen wurde und die neue Leitung eine andere, »modernere« Vorstellung mit vielleicht attraktiveren Werten mitbringt. Dann kann ein vermeintlich altmodischer Begriff wie »Gehorsam« auf Widerstand stoßen. Es ist jedoch wichtig zu wissen: In jeder Firma, besonders in gewachsenen Familienunternehmen mit langer Tradition, wirken manchmal noch Werte fort, die einem heute nicht mehr so attraktiv erscheinen. Und, ganz wichtig: Ein Wert ist nicht per se gut oder schlecht! Wenn es um Werte geht, hantieren wir zunächst eindimensional und in wenig aussagekräftigen Schlagwörtern. Erst anschließend füllen wir diese Werte mit Leben.

Lesen Sie dazu ein grob skizziertes Beispiel, damit Sie nachvollziehen können, wie es gemeint ist.

Beispiel: Die Werte-Sammelphase einer Druckerei
Eine kleine Druckerei hat bestimmt, dass sie aktuell auf der blauen Entwicklungsstufe steht und auf dem Weg dorthin die purpurne und die rote Stufe bereits durchlaufen hat. Daher nimmt sie die Kernwerte dieser drei Stufen als Wertepool in die Purpose-Arbeitsgruppe:

- Autorität, Treue, Zugehörigkeit, Identifikation, Gefolgschaft, Bindung, Geborgenheit, Schutz, Sicherheit, Gehorsam, Opferbereitschaft, Tradition, Rituale, Gewohnheit, Zuverlässigkeit
- persönlicher Erfolg, Kampfgeist, Geschwindigkeit, Mut, Unabhängigkeit, Stärke, Unermüdlichkeit, Macht, Status, egozentrisches Denken
- transparente Ordnung, Verlässlichkeit, Gerechtigkeit, Disziplin, Qualität, Strukturen, Kontrolle, Zuständigkeiten, Loyalität, Ausdauer, Stabilität, Sicherheit, Titel, Hierarchie

Das bringt die Diskussion ins Rollen! Zunächst wird ausgewählt, welche dieser Werte einen zentralen Stellenwert im Unternehmen haben. Jede Wortmeldung wird notiert! Das ist wichtig, denn nicht alle Werte, die Einzelne wahrnehmen, gelten zwingend firmenübergreifend. Es spielt eine große Rolle, wie einzelne Menschen miteinander arbeiten und sich verhalten. So können in verschiedenen Abteilungen auch unterschiedliche Wertegefüge vorherrschen oder auch abteilungsübergreifend die Zusammenarbeit der Mitarbeiterinnen und Mitarbeiter unterschiedlich verlaufen. Auch die bereits angesprochene abweichende Wahrnehmung, wenn Mitarbeiter unterschiedlich lange im Unternehmen arbeiten, spielt eine Rolle. Sammeln Sie alles!

In unserer Druckerei kristallisieren sich die folgenden Kernwerte heraus:

Autorität, Zugehörigkeit, Gehorsam, Zuverlässigkeit, Geschwindigkeit, Macht, Status, Disziplin, Qualität, Hierarchie, Kontrolle, Zuständigkeiten, Stabilität, Sicherheit, Loyalität.

Zusätzlich wird mit aufgenommen, was sonst noch an Werten genannt wird, von denen die Arbeitsgruppe sagt: »Das ist bei uns in der Firma wichtig, dominant.« Es kommen diese Werte hinzu:

Hilfsbereitschaft, »Wenn wir was machen, machen wir es richtig oder gar nicht«, Offenheit, Toleranz, Innovation.

b) Welche expliziten Werte schreiben wir uns bereits heute auf die Fahnen?
Auf der Website, in der Unternehmensstrategie, in den Stellenanzeigen, in Marketingmaßnahmen, in der E-Mail-Signatur usw. Überall finden Sie explizite Werte, die das Unternehmen sichtbar oder unsichtbar definieren. Sie brauchen nicht nachzulesen! Ihre bunt gemischte Purpose-Arbeitsgruppe nennt einfach spontan, welche Werte sie als dominant empfindet. Das wird in Ihrer Werte-Sammlung ergänzt.

Bei unserem Druckerei-Beispiel sind das die Werte: Umweltbewusstsein, Liebe zum Detail, Kundenfreundlichkeit, Kompetenz, Dinge hinterfragen, immer besser werden.

Gerade wenn es um die Werte in Marketingaussagen geht, kann es vorkommen, dass Mitarbeiter müde lächeln oder der Impuls stark wird, zu diskutieren, ob das denn jetzt nun stimmt und auch gelebt wird (zu dieser Frage kommen wir in den Folgekapiteln noch ausführlich). Bitte moderieren Sie die Werte-Sammelphase in der Purpose-Arbeitsgruppe besonders gut. Erinnern Sie daran, dass zunächst wirklich nur gesammelt und noch nicht diskutiert wird.

Unsere Druckerei hat folgende Werte festgehalten, die derzeit eine Rolle spielen: Autorität, Zugehörigkeit, Gehorsam, Zuverlässigkeit, Geschwindigkeit, Macht, Status, Disziplin, Qualität, Hierarchie, Kontrolle, Zuständigkeiten, Stabilität, Sicherheit, Loyalität, Hilfsbereitschaft, »Wenn wir was machen, machen wir es richtig oder gar nicht«, Offenheit, Toleranz, Umweltbewusstsein, Liebe zum Detail, Kundenfreundlichkeit, Kompetenz, Dinge hinterfragen, immer besser werden.

Nun können Sie in der Gruppe eine offene Diskussion zu folgenden Fragen anregen:
- Welche Werte sind besonders wichtig?
- Was ist überholt oder trifft doch nicht unternehmensweit zu?
- Was ist zwar wichtig, aber dann doch irgendwie selbstverständlich?
- Wenn es ähnliche Werte gibt, welche können wir streichen?
- Welches andere Wort trifft es vielleicht noch besser?

Jetzt darf auch kritisch diskutiert werden, etwa wenn einzelne Mitarbeiter sagen *»Ja, das wäre ein schöner Wert, aber den leben wir bisher ganz und gar nicht/nicht genügend«*. Die Purpose-Entwicklung soll herausfiltern, was wirklich wichtig ist und was alle Mitarbeiterinnen und Mitarbeiter tragen, damit es die Firma weiterbringt. Darum ist es essenziell, offen darüber sprechen zu können, welche Werte zwar schön klingen mögen, aber nicht wirklich im Unternehmen gelebt werden, oder was entgegensteht. Das kritisch-ehrliche Auseinandersetzen und der Soll-Ist-Vergleich sind darüber hinaus ein wichtiger Katalysator für Veränderungen (→ Kap. 3).

Filtern und schärfen Sie miteinander, welche Werte im Unternehmen eine wichtige Rolle spielen oder in Zukunft spielen sollten. Unsere Druckerei hat im Rahmen ihrer Werte-Sammlung folgenden Status quo herausgearbeitet:

Zuverlässigkeit (»Wir arbeiten schnell und sorgfältig«), Disziplin, Zuständigkeiten, Loyalität, Hilfsbereitschaft und Kollegialität, »Wenn wir etwas machen, machen wir es richtig oder gar nicht«, wir sind offen und tolerant, wir sind »grün« – Umweltbewusstsein und Nachhaltigkeit stehen in der Herstellung ganz oben, Liebe zum Detail, wir sind nett, »ganz normal« (echt) und freundlich: untereinander und mit unseren Kunden, wir hinterfragen die Dinge und wollen immer besser werden.

2.6.2 Herz, Hirn und Hand – Stimmt die Balance?

Es ist hilfreich, die identifizierten und vorhandenen Werte auf die drei Wertedimensionen aufzuteilen. Dadurch wird sichtbar, welche Wertedimension im Unternehmen den größten Fokus hat.

Das Hartman-Werte-Profil

Menschliche Wertedimension: Herz *Wer und wie sind wir?*	• hilfsbereit und kollegial • offen und tolerant • nett, »ganz normal« (echt) und freundlich: untereinander und mit Kunden
Praktische Wertedimension: Hand *Was ist zu tun?*	• »Wir arbeiten schnell und sorgfältig.« • »Wenn wir was machen, machen wir es richtig oder gar nicht.« → Liebe zum Detail • »Wir hinterfragen die Dinge und wollen immer besser werden.«
Grundsätzliche Wertedimension: Hirn *Wofür stehen wir ein?* *Was sind unsere Regeln, unsere »Gesetze«?*	• Loyalität • Zuverlässigkeit und klare Zuständigkeiten • Disziplin • Wir sind »grün« – Umweltbewusstsein und Nachhaltigkeit stehen in der Herstellung ganz oben.

Tab. 3: Das Hartman-Werte-Profil (Quelle: Eigene Darstellung in Anlehnung an Hartman (2013))

Die Aufteilung auf die drei Wertedimensionen kann bei Ihnen an irgendeiner Stelle deutlich Schlagseite haben. Für eine Balance ist nicht die Anzahl der Werte relevant, sondern die Bedeutung (Testfrage: Welche Gewichtung haben die Werte im Unternehmensalltag?). Meiner Erfahrung nach ist die praktische Wertedimension (Hand – das Tun) meist am stärksten aufgestellt, während die menschliche Wertedimension häufig bei vielen Unternehmen unterrepräsentiert ist. Das bestätigt die Vermutung, dass die »Seele« des Unternehmens – die emotionale Seite – zu wenig berücksichtigt wird. Wenn das bei Ihnen der Fall ist, heißt es, künftig gezielt »auffüllen«. Wenn wir in Kapitel 3 über Veränderungen und die Unternehmenskultur sprechen, bekommen Sie dafür zahlreiche Anregungen.

Was auf den ersten Blick – im unternehmerischen Kontext – ungewöhnlich erscheint, die Diskussion über emotionale Aspekte der Arbeit, bringt den stärksten Antrieb in die Entwicklung von Werten und dem Purpose. In diese Phase entstehen meistens die ersten Ideen für einen kraftvollen Purpose, der über den »normalen« Arbeitsauftrag hinausgeht.

2.6.3 Den Purpose »einkreisen«

Es ist sehr wichtig, dass Sie nicht vorschnell einen hübschen Satz formulieren. Sonst landen wir schnell wieder beim Marketingsprech oder bloßen Worthülsen, die weder Motivation noch Zugkraft entwickeln – geschweige denn Orientierung für Entscheidungen geben. Darum kommt vor dem Formulieren das Einkreisen des Purpose! Ihr Purpose wird später aus den drei P zusammengesetzt:

Passion Er soll emotional berühren.
Performance Wir müssen ihn umsetzen können.
Perspektive Er sollte eine langfristige Perspektive haben.

Ergänzend zu den Werten, die Sie bereits herausgefiltert haben, schärfen Sie in Ihrer Arbeitsgruppe nun den Blick für mögliche Purpose-Felder. Nach meiner Erfahrung gibt es fünf Felder, aus denen Unternehmen ihren Purpose ableiten können:

1. **Technische Verbesserung und Produktverbesserung**
   Das ist der »klassische« Antrieb im Mittelstand: Produkte und technische Anwendungen immer weiter zu verbessern. Ich habe Kunden, die nach dem zweiten Weltkrieg Dichtungen für Ölöfen gefertigt haben und jetzt Hightech-Automotive-Zulieferer sind. Innovation ist in der DNA dieser Unternehmen ein fester Bestandteil. Rapid Prototyping und Design Thinking wurde von diesen Unternehmen bereits durchgeführt, als es die Begriffe noch gar nicht gab.
2. **Neue oder vereinfachte Anwendung**
   Das iPhone ist das bekannteste Beispiel in dieser Kategorie. Für die Nokia-Ingenieure war es unvorstellbar, wie ein Handy mit einer Akkulaufzeit von nur einem Tag erfolgreicher sein kann als eines ihrer Handys mit einer Akkulaufzeit von zwei Wochen. Doch die Möglichkeiten, Apps auf dem Handy zu integrieren, ein mobiles Büro zu haben, E-Mails zu empfangen, seine Termine zu organisieren und zu spielen, war für die Mitarbeiter von Apple eine Vision und die Vorstellung, die technischen Möglichkeiten auszuschöpfen, ein kraftvoller Purpose.

3. **Design**
   Für viele Unternehmen und Mitarbeiter ist der Anspruch, »ein Produkt schöner zu gestalten«, ein lohnendes Wofür. Menschen, die Wert auf Ästhetik legen, empfinden die Arbeit in einer Firma, die einen Designanspruch im Kern ihrer Tätigkeit hat, als Berufung.
4. **Ökologische Dimension / geringerer Ressourcenverbrauch**
   Zurzeit lautet meistens der erste Gedanke, wenn es um das Thema Purpose geht: »Die Welt retten.« Hier bieten sich für fast alle Unternehmen zahlreiche Möglichkeiten, Ressourcen zu schonen, den Verbrauch zu reduzieren und bewusster damit umzugehen. Nach meiner Überzeugung sollte jeder Betrieb den Anspruch haben, seine Möglichkeiten auszuschöpfen. In vielen Branchen erwarten dies auch immer mehr Kunden. Mittel- bis langfristig kann man sich als Firma hier nur abgrenzen, wenn man diesen Anspruch in allen Bereichen umsetzt.
5. **Gesellschaft / soziale Verantwortung**
   Hier geht es darum, als Unternehmen Verantwortung für die Gesellschaft zu übernehmen. Für manche mittelständischen Firmen ist es ganz normal, Einrichtungen und Vereine in ihrer Region zu unterstützen. Durch die eher klammen Haushaltsbudgets von Gemeinden und Kommunen wird es in den nächsten Jahren einen erhöhten Bedarf bei der Unterstützung von sozialen Einrichtungen und sozialen Brennpunkten geben.

Lassen Sie uns gemeinsam Beispiele anschauen, wie diese Purpose-Felder umgesetzt werden. Ich wähle bewusst Beispiele von bekannten Konzernen, weil sie so markant sind, dass fast jeder einiges über sie weiß. Anhand eines Sterne-Ratings von eins bis fünf, wobei fünf der höchste Wert ist, schätze ich ein, wie kraftvoll der Sinn dahinter ist. So können Sie sich noch besser vorstellen, wie sich die für Sie relevanten Purpose-Felder konkretisieren lassen.

Beispiel: Tesla

Verbesserung in den Purpose-Feldern	Beispielhafte Umsetzung	Motivation/Sinn
Technisch/Produkt	Elektrischer Antrieb, Sicherheitssysteme etc.	* * * * *
Anwendung	Autonomes Fahren	* * * * *
Design	Erkennbarkeit der Marke	* * * *
Ökologisch/Ressourcen	Effiziente Antriebsformen, E-Mobilität	* * * * *
Gesellschaft/soziale Verantwortung	?	?

Tesla zeigt, was ein starker Purpose bewegen kann. Ich kenne einige Menschen, die in der Automobilbranche arbeiten und gerne zu Tesla wechseln wollen. Der Anspruch von Tesla, die Transformation vom Verbrennungsmotor zum Elektroantrieb zu vollziehen, ist für sie sehr motivierend und sinnvoll. Hier zeigt sich, dass Tesla in mehreren Purpose-Feldern große Anreize bietet. Natürlich gibt es auch Menschen, die Tesla sehr kritisch sehen und dem Unternehmen Ressourcenverschwendung bei der Batterieherstellung vorwerfen. Mir geht es bei diesem Beispiel nur darum, aufzuzeigen, welche Anreize Tesla Mitarbeiterinnen und Mitarbeitern bietet, die die Firma positiv sehen. Dies gilt auch für die folgenden Beispiele.

Beispiel: iPhone

Verbesserung in den Purpose-Feldern	Beispielhafte Umsetzung	Motivation/Sinn
Technisch/Produkt	Multifunktionalität (Handy, Musikplayer, mobiles Büro, Spielecenter …)	* * * * *
Anwendung	Einfache Bedienbarkeit	* * * * *
Design	Einfaches und klares Design	* * * * *
Ökologisch/Ressourcen	Geringer Verbrauch an Strom und besonderen Rohstoffen	*
Gesellschaft/soziale Verantwortung	Vielen Menschen Zugang zu technischen Innovationen ermöglichen	* *

Am Beispiel iPhone zeigt sich, dass die Purpose-Felder »technische Verbesserung«, »einfachere Anwendung« und »Design« am Stärksten im Vordergrund stehen.

Beispiel: Allgäuer Hof-Milch

Um auch ein Beispiel eines mittelständischen Unternehmens zu analysieren, nehmen wir das Unternehmen Allgäuer Hof-Milch.

Verbesserung in den Purpose-Feldern	Beispielhafte Umsetzung	Motivation/Sinn
Technisch/Produkt	Papier und Plastik von der Verpackung trennbar	* * * *
Anwendung	*Hier gibt es keinen Unterschied*	
Design	Verpackung	* * * *

Verbesserung in den Purpose-Feldern	Beispielhafte Umsetzung	Motivation/Sinn
Ökologisch/Ressourcen	Schonung von Ressourcen (Papier und Plastik von der Verpackung trennbar) Förderung der Artenvielfalt	* * * * *
Gesellschaft/soziale Verantwortung	Faire Bezahlung der Bauern Unterstützung von kleinen Bauernhöfen (durchschnittlich 30 Kühe)	* * * * *

Hier sehen wir, dass die nachhaltigen Purpose-Felder »Ökologisch« und »Gesellschaft« im Fokus stehen.

!

DIGITALE EXTRAS

Impuls und Reflexionsübung

Welche Purpose-Felder sind für Ihr Unternehmen relevant?

Jetzt sind Sie an der Reihe! Nehmen Sie sich 20 Minuten Zeit und überlegen Sie, welche Bereiche für Ihr Unternehmen attraktiv und umsetzbar sind. Sie brauchen nicht alle Purpose-Felder zu belegen. Es geht darum, erste Ideen zu gewinnen und Kategorien zu berücksichtigen, an die Sie bisher noch nicht gedacht haben.

Bei den digitalen Extras zum Buch auf mybook.haufe.de können Sie die Checkliste als Blankoformular herunterladen.

Purposefelder: Ihr Unternehmen

Verbesserung in den Purpose-Feldern	Beispielhafte Umsetzung	Ihre Motivation/Sinn (1–5 Sterne)
Technisch/Produkt		
Anwendung		
Design		
Ökologisch/Ressourcen		
Gesellschaft/soziale Verantwortung		

Gehen Sie in Ihrer Purpose-Arbeitsgruppe die fünf Felder durch. Noch effizienter ist es, wenn sich – je nach Größe Ihrer Gruppe – die Teilnehmer einzeln oder in Kleingruppen auf das nächste Purpose-Prozess-Meeting vorbereiten und vorab zu allen fünf Feldern zentrale Aspekte und Ideen sammeln. Bitte lassen Sie die einzelnen Felder nicht nur von den Fachleuten oder -abteilungen überdenken! Sagen Sie nicht *»Ach, die Felder technische Entwicklung und Verbesserungen können nur die Ingenieure oder die Leute in der Herstellung liefern«.*

Die Auswahl, welche Felder – und welche gefundenen Aspekte daraus – besondere Zugkraft, Motivation und Sinn für das gesamte Unternehmen entwickeln (die Sternchen in der letzten Spalte), können Sie dann in der Besprechung gemeinsam treffen.

Für unsere Druckerei könnte die Sammlung beispielsweise so aussehen:

Verbesserung in den Purpose-Feldern	Beispielhafte Umsetzung	Ihre Motivation/Sinn
Technisch/Produkt	Entwicklung von Cloudlösungen	* * * * *
Anwendung	Entwicklung einer Kunden-App, technische Benchmark setzen (Schnelligkeit)	* * * *
Design		
Ökologisch/Ressourcen	Verwendung von ökologischen Druckfarben, mehr Expertise bei nachhaltigen Papieren	* * * *
Gesellschaft/soziale Verantwortung	Mehr Mitsprache der Mitarbeiter, Unterstützung einer sozialen Brennpunktschule	* * * *

Mit diesem Schritt haben Sie die letzte wertvolle Vorbereitung getroffen und gehen nun mit viel Substanz ans Formulieren Ihres Unternehmens-Purpose.

2.6.4 Formulieren Sie Ihren Unternehmens-Purpose

In diesem Schritt geht es ans Brainstormen verschiedener Purpose-Sätze – ohne Kritik und Ablehnung, wie etwa *»Oh, das passt doch nicht für uns. Das können wir so nicht sagen«*. Versuchen Sie nicht, direkt ins Reine zu schreiben, und schießen Sie sich auch nicht auf eine Variante ein. Finden Sie zunächst gemeinsam Quick-and-Dirty-Sätze, die die Kernideen sammeln. Diese Sätze sind nur für den internen Prozess, sie müssen nur für Sie eine Wirkung entfalten.

Unsere Druckerei findet u. a. folgende Quick-and-Dirty-Sätze, die sich aus ihren Werten ableiten:

Der Purpose soll Sie emotional berühren (Herz → Passion)

- »Wir bringen Ideen auf Papier.«
- »Wir denken auf Papier. Aus Gedanken werden Häuser, Autos und die Zukunft.
- »Für uns ist Papier mehr als nur ein Stück Material.«

- »Haptik ist in unserer DNA.«
- »Wir leben die Erotik von gedrucktem Papier.«
- »Wir verführen unsere Kunden in die erotische Welt der Papiere.«
- »Wir sind die Dessous-Boutique für gedrucktes Papier.«

Sie müssen den Purpose umsetzen können (Hand → Performance)

- »Unsere technischen Möglichkeiten inspirieren unsere Kunden zu neuen Ideen.«
- »Die Digitalisierung erlaubt uns, individuelle Kundenwünsche – in nie gekannter Weise – umzusetzen.«
- »Wir besetzen eine Nische mit haptischen Druckverfahren.«

Der Purpose sollte eine langfristige Wirkung haben und zu Ihrer Strategie passen (Hirn → Perspektive)

- »Gutes Papier ist beständiger als jede Festplatte.«
- »Wir sind die Zukunft der Ideenspeicherung.«
- »Erinnerungen sind die Geschichte unseres Lebens.«
- »Papier gibt den Raum für Ideen. Ideen werden zu Projekten.«
- »Mit einer innovativen Drucktechnik reduzieren wir unseren ökologischen Fußabdruck.«

Sie sehen, die Sammlung der Ideen ist sehr unterschiedlich. Manche Sätze wirken positiv auf Sie, andere wahrscheinlich nicht. Entscheidend ist, dass es für die Beteiligten funktioniert und kraftvoll wirkt. Meistens ist der zugkräftige Unternehmens-Purpose eine Kombination verschiedener Ideen, eine Mischung aus verschiedenen Formulierungen:

! **Purpose-Formulierung**

»Wir sind die Dessous-Boutique für Papier und verführen unsere Kunden in die Welt der nachhaltigen Drucktechnik.«

Was steckt hinter dieser Formulierung? Die Leidenschaft für Druck und Papier. Welche Haltung? Einen möglichst geringen ökologischen Fußabdruck zu hinterlassen. Welcher Anspruch? Den Kunden zu verführen, neue innovative Techniken und Papiere auszuprobieren.

Anmerkung: In guten Purpose-Formulierungen finden sich immer wieder Wörter, die Außenstehende irritieren oder die sie nicht nachvollziehen können. Dann haben Sie einen Begriff gefunden der polarisiert. Er ist nicht weichgespült im Sinne von »Das können wir so doch nicht sagen. Was denken die Leute, wenn das jemand mitbekommt?«. Im Druckerei-Beispiel ist das die Bezeichnung »Dessous-Boutique«. Manche von ihnen sagen vielleicht »Nein, das gefällt mir nicht.« Das ist OK. Es muss nur dem Team gefallen und die verwenden ihren Purpose ganz spielerisch, sie verbinden damit auch die Geschichte, wie der Begriff entstanden ist, und letztendlich ihre emotionale Beziehung zu Papier. Bei einer weichgespülten Formulierung würden dagegen alle sagen: »Ja, ganz nett, aber es berührt mich nicht.«

Lesen Sie dazu noch ein ungewöhnliches Beispiel: Bei einem meiner Projekte wurde folgende Purpose-Formulierung erarbeitet: »Wir sind das letzte Schiff, welches über das Meer fährt, um unseren Kindern eine große Zukunft zu ermöglichen.« Was war der Hintergrund? Hier geht es um eine Abteilung, die massiv von der Digitalisierung betroffen ist. Den Mitarbeiterinnen und Mitarbeitern ist klar, dass es diese Abteilung in zwei oder drei Jahren nicht mehr geben wird. Was würde hier ein Purpose bringen, der über zukünftige Erfolge spricht, während jeder weiß, dass die Abteilung diese gar nicht mehr erleben wird? Der formulierte Purpose ist ehrlich und hat auch etwas Heroisches. Die Mitarbeiterinnen und Mitarbeiter wissen, dass sie auf der letzten großen Fahrt sind, um für sich und andere eine bessere Zukunft zu erarbeiten. In dieser Formulierung fühlen sich die Mitarbeiter gesehen und gewürdigt. Da sie sehr bildhaft ist, hat sie sich intern stark verankert.

Hier noch weitere Purpose-Beispiele.

Der Purpose von Kaffeeform !

»Kaffeeform will Konsumverhalten neu gestalten. Anregungen schaffen und inspirieren, Nachhaltigkeit in den Alltag zu integrieren und Kauf- und Konsumentscheidungen bewusst zu treffen. Die Wiederverwendung von Produkten und Rohstoffen fördern; lieber Mehrweg statt Einweg, denn jede Entscheidung hat Auswirkungen. Kaffeeform-Produkte sind langlebige, treue Begleiter.«
Quelle: https://www.Kaffeeform.com/de/mission/

Der Purpose von Rügenwalder Mühle !

»Fleisch und Wurst aus Pflanzen
Gemeinsam die Ernährung der Zukunft gestalten. Neben Fleisch auch immer mehr aus Pflanzen. Lecker und nachhaltig.«
Quelle: https://www.ruegenwalder.de/unser-beitrag-zum-klimaschutz

Der Purpose von VAUDE !

»Vorausschauend denken. Rücksichtsvoll wirtschaften. Und mit Herz handeln. So kommen wir vorwärts. Im Outdoor-Sport. Im Alltag. Und bei der Entwicklung nachhaltiger Produkte. Denn nur, wenn wir bewahren, was wir lieben, können auch künftige Generationen die Bergwelt und eine intakte Natur genießen.«
Quelle: https://www.vaude.com/de-DE/Unternehmen/UEber-VAUDE/

Ich möchte noch einmal betonen: Es ist sehr wichtig, bei der Purpose-Formulierung nicht in Werbeslogans oder Marketingsprech abzugleiten. Ein Satz wie Nikes »Just do it!« prägt sich ein. Aber es ist nicht mehr als eine schnittige Worthülse, die für Werbung wunderbar funktioniert – aber eben nicht als Purpose.

Warum sind Purpose-Statements darüber hinaus oft nicht stimmig und wenig glaubwürdig?

→ **Es gibt eine Lücke zwischen Anspruch und Wirklichkeit:** Der gefundene Purpose ist tadellos, klingt überzeugend und wäre prinzipiell auch erstrebenswert. Doch das Unternehmen ist noch nicht in der Lage, den Purpose in dieser Form auch umzusetzen. Oder die aktuelle Realität steht dagegen.

→ **Geschäftsführung und Unternehmerfamilie haben völlig andere Vorstellungen:** Hier deckt der Purpose-Prozess auf, was im Arbeitsalltag meist ohnehin bereits für Zwist sorgt, und das ist gut so. Denn wenn Unternehmerfamilie und Geschäftsführung nicht in die gleiche Richtung arbeiten, einen unterschiedlichen Fokus haben, bremst diese Dynamik das Unternehmen aus.

→ **Differenzen zwischen den Generationen:** Werte und das, was motiviert, sind keine Altersfrage und doch wachsen wir in verschiedenen Zeiten auf, die von anderen Werten und daraus resultierenden Verhaltensweisen geprägt sind. Das beeinflusst natürlich, was wir als erstrebenswert und sinnstiftend erachten. Darum ist es kein Wunder, wenn in einem Unternehmen, in dem ältere und jüngere Mitarbeiterinnen und Mitarbeiter arbeiten, der Purpose nicht für jeden stimmig ist. In diesem Fall besteht die Gefahr, dass man einen Purpose auswählt, der keinen richtig berührt, aber auch niemandem weh tut. Beim Druckerei-Beispiel kann es gut sein, dass jemand aus der Familie sagt: *»Nein, diese Purpose-Formulierung geht gar nicht, das ist ja anzüglich!«* Wählen Sie dann aber keinen 08/15-Purpose aus! Versuchen Sie lieber im nächsten Schritt noch einmal, einen gemeinsamen kraftvollen Purpose zu entwickeln. Sollte das nicht klappen, ist meine Empfehlung, das Projekt bewusst auf Eis zu legen. Ich habe dann schon oft erlebt, dass es nach wenigen Monaten heißt: *»So schlecht war die Formulierung gar nicht, mir geht sie auf jeden Fall nicht aus dem Kopf. Das bedeutet, sie wirkt, und irgendwie wollen wir ja auch unsere Kunden verführen.«*

→ **Die Formulierung ist nicht stimmig.** Wenn in der Purpose-Gruppe Bedenken laut werden oder sich einige – oder alle – nicht so recht mit der Purpose-Formulierung anfreunden können, dann prüfen Sie getrennt: Stimmt der Inhalt der 3 P (Passion, Performance, Perspektive)? Gibt es bei einem Aspekt ein Veto, dann gehen Sie ruhig eine Schleife zurück und prüfen die Inhalte noch einmal. Sofern der Kern der Aussagen passt, liegt es meistens nur an der Formulierung: Ein Wort wird als Buzzword empfunden, als zu reißerisch oder langweilig oder die Gesamtformulierung löst nicht wirklich etwas aus. Finden Sie dann weitere Alternativen, bis es stimmig ist.

Impuls und Reflexionsübung !

Der Purpose-Resonanz-Check

Um festzustellen, ob Sie Ihren Purpose gefunden haben, können Sie einen Resonanz-Check machen:

Erfüllt der Purpose alle drei Dimensionen?

- **Passion:** Er berührt emotional.
- **Performance:** Wir können ihn umsetzen.
- **Perspektive:** Er hat eine langfristige Wirkung.

Passt er zu meinem persönlichen Purpose?

- Stimmt der Purpose mit den Kernaussagen überein, die mir persönlich wichtig sind?
- Erfüllt er meine langfristigen Ziele?

3 Veränderungen anstoßen und meistern – Mit einem klaren Purpose kraftvoll agieren

»Ich habe keine Probleme mit Veränderung. Im Gegenteil – ich liebe Herausforderungen. Aber wir bewegen uns in Richtung Lähmung und Erschöpfung. Es müsste ein professionelles Veränderungsmanagement her!«
Führungskraft in einem Veränderungsprozess

Veränderungen sind ein komplexes, oft schwieriges Thema: Es bedeutet, dass Arbeitsprozesse und Prioritäten hinterfragt werden müssen. Bewährte Abläufe verlieren teilweise – manchmal vollständig – an Bedeutung oder blockieren plötzlich sogar. Wirtschaftlich betrachtet, setzt die Mehrheit aller Unternehmen nach wie vor auf Planung und Langfristigkeit. In Familienunternehmen gibt es obendrein meist drei Tendenzen:

- **Die absolute Reaktivität:** Man ist lediglich auf das Tagesgeschäft fokussiert und harrt (mitunter ängstlich) der Dinge, die durch die Digitalisierung und andere Markteinflüsse auf einen zukommen. Anstatt rechtzeitig aktiv zu sein, sinnvolle Projekte anzustoßen oder Weichen zu stellen, wird gewartet – und letztlich zu langsam auf veränderte Gegebenheiten reagiert.
- **Die verbale Aktivität:** Man redet und redet, trifft sich in Meetings, entwickelt Szenarios, lädt Berater ein, hat gute Ideen, aber nichts passiert. Entweder weil die Unterstützung durch die Geschäftsführung fehlt oder weil die Angst, Fehler zu machen und falsche Entscheidungen zu treffen, überwiegt.
- **Die wohlmeinende Betriebsamkeit:** Man springt eher planlos auf alle möglichen Züge auf, hektisch wird irgendein Produkt aus dem Boden gestampft oder an Preisen gedreht. Wer zu viel und planlos anstößt, bindet Arbeitskraft und kommt ins Jonglieren. Hier werden zudem unüberlegt Entscheidungen getroffen, die die Firma mittel- bis langfristig auf einen falschen oder ausgetretenen Pfad bringen.

„Der Bogen, der alles umspannt, ist Kultur. Wie verändert sich Kultur? Kommunikation ist der Schlüssel und wir kommunizieren wahnsinnig viel.

Gunther Wobser

3.1 Schaffen Sie die Voraussetzungen für Veränderungskompetenz

Darum geht es

!

Warum Unternehmen oft bunt sind (und bleiben dürfen). Wie Sie Ihre Firma auf die nächste Entwicklungsstufe führen.

Jede Entwicklungsstufe hat ihre Vor- und Nachteile. Je reifer Ihr Unternehmen ist, also je mehr Entwicklungsstufen es bereits hinter sich gebracht hat, desto veränderungsbereiter und -kompetenter wird es. Steckt ein Unternehmen – oder eine einzelne Abteilung – noch in den frühen »rigiden« Entwicklungsstufen Purpur, Rot und Blau (→ Kap. 2.4), lassen sich Veränderungen nur schwer, mit großer Anstrengung und großem Aufwand bewältigen. Gleichzeitig wird deutlich, dass es in diesen Entwicklungsstufen nicht ausreicht, zu flexiblerem Denken aufzurufen oder Mitarbeitern eine Blockadehaltung vorzuwerfen:

Entwicklungsstufe	→	Verhalten gegenüber Veränderungen
Gelb: Selbstverwirklichung, Innovation, Freiheit	→	Aufgeschlossen und interessiert, wenn sie in den eigenen Wissenskosmos passen, akzeptierend, aber weniger offen, wenn sie subjektiv weniger interessante Bereiche betreffen.
Grün: Team, Harmonie, Toleranz	→	Interessiert und offen, wenn die Veränderung von Menschen geprägt wird. Bei technischen Veränderungen differenziert. Hier kann die Motivation aufgrund der Neugierde und dem Interesse zu lernen entstehen.
Orange: Erfolg, Status, Kundenfokus	→	Veränderungen werden als Chance und Herausforderung erkannt, um unternehmerischen und persönlichen Erfolg zu erzielen.
Blau: Struktur, Hierarchie, Gerechtigkeit	→	Unklare Zuständigkeiten bei unbekannten Aufgaben sorgen für langwierige Entscheidungsprozesse. Es muss erst ein Prozess für den Umgang mit Veränderungen entwickelt werden. Ohne klare Verantwortlichkeiten wird keine Entscheidung getroffen.
Rot: Macht, Geschwindigkeit, Persönlicher Erfolg	→	Veränderungen werden positiv betrachtet, wenn sich dadurch neue Marktchancen ergeben. Veränderungen, die die Marktmacht bedrohen, werden aggressiv angegangen oder verdrängt.
Purpur: Sicherheit, Zugehörigkeit, Geborgenheit	→	Veränderungen werden als Bedrohung wahrgenommen. Skepsis gegenüber allem Fremden.

Das wahre Fundament für Agilität schaffen Sie also, indem Sie Ihren Familienbetrieb gezielt weiterentwickeln.

Selbst wenn Sie Ihre Firma einer Entwicklungsstufe zuordnen können, gibt es natürlich nicht pauschal »**das** Unternehmen«. Ihre Firma besteht aus Menschen mit eigenen Verantwortungsbereichen, und bevor wir auf den Einzelnen näher eingehen, zoomen wir auf Abteilungsebene. Firmenintern sind so gut wie immer verschiedene Entwicklungsstufen zeitgleich aktiv. Oft sind Abteilungen aufgrund ihrer Funktion unterschiedlich geprägt:

- Die Finanz- und Buchhaltungsabteilung ist meistens eher **blau**, was verständlich ist: Buchungen sind ordnungsgemäß durchzuführen, da gibt es kein »heute so, morgen so«.
- Personalabteilungen sind eher **grün**, die Teamleistung, der gemeinsame Erfolg wird betont. Lernen und Weiterentwicklung gehört zu den Kernaufgaben der Personalabteilung, um den einzelnen Mitarbeiter und die Teams fit zu machen, Seminare und Schulungen für die relevanten Themen zu organisieren.
- Vertriebsabteilungen sind eher **orange**. Hier steht der Erfolg und der Status im Vordergrund, meistens gekoppelt mit Prämien für die Zielerreichung.
- Spannend ist es bei der Produktion, ist sie eher **blau** – klare Organisation und Prozesse – oder **orange**, in diesem Fall geprägt von Leistungsprämien.
- Die Forschungs- und Entwicklungsabteilung ist meistens eher **blau** geprägt, mit klaren Strukturen und Abläufen. In Ausnahmen gibt es hier **orangene** Ansätze, mit Anreiz- und Bonussystemen, **grüne** Ansätze, bei denen der Teamgedanke im Vordergrund steht, oder **gelbe** Ansätze, bei denen das Streben nach Wissen und Daten an erster Stelle steht.

Dies ist nur eine grobe Charakterisierung mithilfe des Spiral-Dynamics-Modells (vgl. Abb. 4). Abhängig ist die Prägung von der Geschäftsführung und den jeweiligen Abteilungsleitern. Bei einer blau geprägten Geschäftsführung haben die einzelnen Abteilungen eher eine blaue Ausprägung. Aber: Jedes Unternehmen ist bunt und dadurch gibt es von jeder Farbe Anteile. In allen Firmen, die ich kennengelernt habe, arbeiteten auch Mitarbeiterinnen und Mitarbeiter mit einer gelben Prägung. Und die, darauf kommen wir gleich, helfen Ihnen ganz besonders weiter!

Bei einer Firma bis 100 Mitarbeiterinnen und Mitarbeitern kann man noch recht gut die Entwicklungsstufe der jeweiligen Abteilung einschätzen. Je größer die Firma wird, umso mehr nimmt auch die Komplexität zu. Teilweise gibt es sogar **unterschiedliche Prägungen** innerhalb einer Abteilung. So kann es sein, dass die Führungskraft von einem Vertriebsteam orange geprägt ist, flexibler arbeitet, Prozesse nicht zu 100 Prozent einhält und den Umsatz in den Vordergrund stellt, dagegen die Führungskraft eines anderen Vertriebsteams die Dokumentation und die Prozesse in den Vordergrund stellt.

Achtung !

Unterschiedliche Prägungen auf den Entwicklungsstufen sind oft der Grund für Auseinandersetzungen. Jedes Team hält seinen Ansatz und seine Werte für die richtigen und kann oft nicht verstehen, warum die Kolleginnen oder Kollegen anders entscheiden.

Häufig liegt darin auch die Quelle von Unmut, Frust und Konflikten, wenn man das Gefühl hat, die anderen ziehen nicht mit, ein Kollege sperrt sich oder ist zu unflexibel. Die eigene Sicht und Herangehensweise unterscheidet sich oft gravierend, jeder hat aus seiner Perspektive Recht. Die prägenden Werte auf einer Entwicklungsstufe und das entsprechende Verhalten lassen sich auch als Antwort auf die Umgebung und die Branche verstehen, in der sich das Unternehmen befindet. Die Kernfrage ist stets: **Passen unsere Denk- und Verhaltensweisen noch, können wir damit die Herausforderungen lösen?**

»Das ist eine wahnsinnige Veränderung, die da gerade läuft, aber ich weiß überhaupt nicht, wohin diese Strategie führt. Dazu sagt irgendwie keiner was Konkretes. Dadurch sind bei vielen natürlich schon Zukunftsängste entstanden.«
Führungskraft in einem Veränderungsprozess

Für die Geschäftsführung ist es sehr wichtig, diese unterschiedlichen Entwicklungsstufen zu erkennen, zu benennen und mit den Mitarbeitern zu besprechen, um so die Vor- und Nachteile der jeweiligen Stufen zu identifizieren. Je mehr Beteiligte Spiral Dynamics als Landkarte kennen, umso einfacher ist es, ein gemeinsames Verständnis zu haben und miteinander die Situation zu bewerten. Das macht es unter anderem nachvollziehbar, dass Mitarbeiter auf den jeweiligen Entwicklungsstufen einen unterschiedlichen Blick auf das Thema Purpose haben.

So wird allen deutlich, dass die verschiedenen Entwicklungsstufen die Reifung des Unternehmens darstellen. Ebenfalls hilfreich: Auf erfolgreiche Technologieunternehmen zu schauen und sich zu fragen »Was zeichnet Amazon, Apple und Google aus? Was machen die anders?« Dann erkennen die meisten, dass diese Unternehmen sich spielerisch auf fast allen Entwicklungsstufen bewegen und je nach Umfeld die Stärken der jeweiligen Stufe nutzen.

Lassen sie uns im nächsten Schritt auf die **Veränderungskompetenz** schauen. In der Praxis hat es sich bewährt, systematisch in drei Schritten vorzugehen:

- **Schritt 1:** Wo stehen wir? – Den Status quo ermitteln
- **Schritt 2:** Welche Anforderungen werden an uns gestellt? Und welche Entwicklungsstufe hat die besten Voraussetzungen, diese Anforderungen zu meistern?
- **Schritt 3:** Welche Prägung hat die Führung?

DIGITALE EXTRAS

Ich reiße Ihnen jeweils kurz ein Beispiel dazu an, damit Sie es bei sich implementieren können. Laden Sie sich bitte auf mybook.haufe.de die Übersicht der Spiral-Dynamics-Entwicklungsstufen herunter. Damit Sie etwas vertrauter mit dem Modell werden, erfahren Sie anhand konkreter Beispiele, welche Farben jeweils eine Rolle spielen, z. B. weil sie eine Veränderung eher ausbremsen oder sie fördern.

Schritt 1: Wo stehen wir? – Den Status quo ermitteln

In Kapitel 2 hatte ich Sie dazu angeregt, sich näher damit auseinanderzusetzen, welche Entwicklungsstufen Sie in Ihrem Betrieb bereits durchlaufen haben und wo Sie sich aktuell sehen. Dabei geht es um eine ehrliche Standortbestimmung. Also noch nicht um das, was Sie gerne hätten, sondern um das, was *ist*:

- Auf welcher Entwicklungsstufe stehen wir aktuell?
- Welche Farben prägen uns?
- Auf welcher Stufe stehen die Abteilungen bzw. die Teams?
- Haben wir uns in den letzten Jahren verändert?

Sind Sie noch unsicher, auf welcher Stufe Ihr Unternehmen oder eine Abteilung steht, können folgende Fragen helfen:

- Wie würden Sie den Führungsstil beschreiben?
- Wer trifft Entscheidungen?
- Nach welchen Prinzipien werden Entscheidungen getroffen?
- Wer hat das letzte Wort?
- Welche Werte sind wichtig?
- Welche ungeschriebenen Gesetze gibt es?
- Nach welchen Regeln werden die Gehälter festgelegt (Zugehörigkeit und/oder Erfolg)?
- Gibt es Erfolgsprämien?
- Wie wichtig sind Statussymbole (Büro, Geschäftswagen, Smartphone, Parkplatz …)?
- Wie gehen die Mitarbeiterinnen und Mitarbeiter miteinander um?
- Gibt es Ansätze zur Personalentwicklung?
- Wie innovativ ist das Unternehmen?
- Wie groß ist der Spielraum, eigene Entscheidungen zu treffen?
- Wie transparent werden Unternehmensziele kommuniziert?
- Wie offen werden Ergebnisse besprochen?
- Gibt es einen klaren Unternehmens-Purpose?

Es gibt Veränderungen, die nicht die Firma insgesamt betreffen, sondern nur eine bestimmte Abteilung. Doch auch in diesem Fall ist es wichtig, zu wissen, wo Sie stehen, denn keine Abteilung agiert in einem Vakuum.

»Ich frage mich dauernd: Wo stehen wir? Wo steht mein Team? Wohin entwickeln wir uns? Und warum gibt es keine Wertschätzung mehr? Ein ganz klein wenig würde schon reichen.«
Führungskraft in einem Veränderungsprozess

Beispiel: Unternehmenskultur beim *Tageskurier*
Lassen Sie uns als Beispiel die klassische lokale Tageszeitung »Tageskurier« nehmen. Regionalzeitungen gehörten früher oft einer Unternehmerfamilie. Bis vor ein paar Jahren waren diese Zeitungen geprägt von einer zuverlässigen Umsatzentwicklung, bestehend aus stabilen Abonnentenzahlen und dem Anzeigenverkauf. Doch durch das Internet und die Digitalisierung, einhergehend mit einem anderen Leseverhalten der jüngeren Zielgruppe, sind die Umsätze eingebrochen.

Die Unternehmenskultur beim *Tageskurier* war geprägt von einer familiären Atmosphäre, Austausch und Gesprächen unter den Mitarbeitern. Das sorgte für eine gute Stimmung. Offene Konflikte gab es in der Regel nicht. Die Mitarbeiterfluktuation war sehr gering. Rituale zum Geburtstag und bei Jubiläen waren selbstverständlich. Die Geschäftsführung hatte das Wohl der Mitarbeiter im Auge. Purpur und Grün prägten die Organisation. Die Produktionsprozesse und die internen Abläufe waren straff organisiert, die Stellen und jeweiligen Aufgaben umfassend beschrieben. Auftragseingänge und Bestellungen wurden entsprechend den Prozessen abgearbeitet. Blau dominierte die internen Abläufe und sorgte für Effizienz.

Doch der Vorteil der purpurnen, blauen und grünen Entwicklungsstufe – verbindende Rituale, klare, verlässliche Regeln und eine bewährte Organisation – beinhalten vor allem Kräfte, die *gegen* eine Veränderung wirken. Und wer kann sich eine Stadt ohne Tageszeitung vorstellen? Unmöglich!

Schritt 2: Welche Anforderungen werden an uns gestellt? Welche Entwicklungsstufe hat die besten Voraussetzungen, diese Anforderungen zu meistern?
Spiral Dynamics hilft, gemeinsam zu klären, ob die Entwicklungsstufe, auf der sich die Firma befindet, den Herausforderungen entspricht, vor denen sie steht. Um diese Frage zu beantworten, ist es wichtig, sich zu verdeutlichen, dass bestimmte Entwicklungsstufen unter bestimmten Herausforderungen hilfreicher und effizienter als andere sind:

- In Krisensituationen ist es wichtig, straff organisiert zu sein (Blau) und dominant zu agieren (Rot). Beim Einsatz eines Rettungswagens in einer Notfallsituation macht es keinen Sinn, lange zu diskutieren und erst einmal die bisherigen Erfahrungen des Teams zu reflektieren. Hier hilft nur eine ganz straffe Organisation und eingeübte Umsetzung.

- Geht es um die Optimierung der Lagerhaltung, sollen standardisierte und wiederholbare Prozesse optimiert werden, sind eher blaue und orange Kompetenzen gefragt.
- Bei Aufgabenstellungen, in denen es darum geht, möglichst viel Fachwissen zu kombinieren und unterschiedliche Sichtweisen zu integrieren, helfen grüne Kompetenzen, die Zusammenarbeit fördern, und orangene, die Erfolgs- und Wettbewerbsorientierung mitbringen.
- Bei komplexen Themen, wie der digitalen Transformation, bei denen wir die Lösung noch nicht kennen und keine bzw. kaum Erfahrungswerte haben, brauchen wir einen hohen Anteil von gelber Kompetenz, um die entsprechenden Vorteile der bisherigen Stufen anzusteuern: Mal braucht es mehr Grün, um die Teams gemeinsam voranzutreiben, mal Blau, um klare Prozesse und Regeln zu etablieren, oder auch Rot, um eindeutige Entscheidungen zu treffen und in die Umsetzung zu kommen.

Ermitteln Sie darum so konkret wie möglich, welche Anforderungen die Branche an Sie stellt, um klar definieren zu können, welche nächste Entwicklungsstufe dafür reicht.

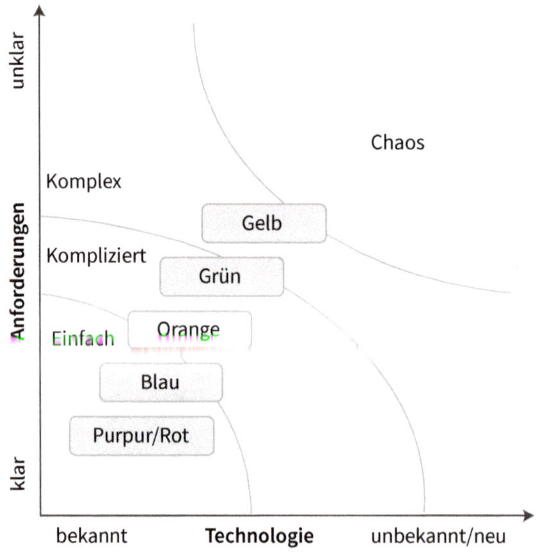

Abb. 5: Stacey Matrix und Spiral Dynamics

Beim *Tageskurier* etwa ging der Erfolg der letzten Jahrzehnte darauf zurück, dass konsequent auf eine immer bessere Abwicklung und Bearbeitung fokussiert worden ist. Der Kampf um Marktanteile und neue Kunden wurde mit klassischen Vertriebsaktivitäten geführt. Statt komplett anders zu denken, wurde diskutiert, welche Werbeprämie am besten ankommt. Mitarbeiter mit einer gelben Ausprägung reizte es gar nicht, beim *Tageskurier* anzufangen, oder sie verließen die Zeitung nach ein paar Monaten, weil ihre digitalen Ideen verbal als spannend begrüßt wurden, aber es keine Unterstützung seitens der Geschäftsführung gab, sobald ein finanzielles Risiko damit verbunden war. Orangenes – unternehmerisches – Denken wurde von den Mitarbeiterinnen und Mitarbeitern als Störung der bestehenden Prozesse und der Harmonie interpretiert und gemeinschaftlich abgelehnt. Rote Eigenschaften, wie das Erobern von neuen Märkten und das Verdrängen von Wettbewerbern, war kaum ausgeprägt und entsprach nicht der gelebten internen Kultur.

Durch die Auseinandersetzung mit Spiral Dynamics wurde den Beteiligten klar, dass die Ausprägungen Rot, Orange und Gelb viel zu schwach waren. Der Geschäftsführung und der Unternehmerfamilie wurde klar, dass die Veränderungen des Umfelds und die drastischen Umsatzeinbrüche eine Neuausrichtung erforderten. In mehreren Workshops wurden folgende Punkte bearbeitet:

- Was hat den *Tageskurier* am Anfang erfolgreich gemacht?
- Was war der Antrieb – Purpose – für die Gründung?
- Auf was können wir stolz sein?
- In welchen Bereichen waren/sind wir innovativ?
- Welche Entwicklungsstufen haben wir durchlaufen?
- Was sind die aktuellen und kommenden Anforderungen?
- Welche Entwicklungsstufe hat die besten Voraussetzungen, diese Anforderungen zu meistern?

Die Mitarbeiter haben dadurch wieder ein besseres Verständnis gewonnen, wie innovativ der *Tageskurier* gerade am Anfang seiner Gründung war und wie viel unternehmerisches Denken und Risiko in den ersten Jahren selbstverständlich waren. Im nächsten Schritt wurden Mitarbeiterinnen und Mitarbeiter gesucht, die eher orangene und gelbe Kompetenzen haben.

In Leuchtturm-Projekten wurden digitale Projekte entwickelt und neue Formen der Unternehmenskultur ausprobiert. Erste Erfahrungen mit Selbstorganisation wurden gemacht und eine der wichtigsten Erkenntnisse war, wie viel Organisation gerade Selbstorganisation erfordert. In weiteren Schritten wurden neue Mitarbeiterinnen und Mitarbeiter ins Unternehmen geholt. Die Haltung gegenüber dem Unternehmen und dem bisher Geleisteten war stets mit viel Wertschätzung und Respekt verbunden (das ist auch ein Schwerpunkt im nächsten Kapitel). In Projektgruppen wurden die Erfahrungen der Leuchtturm-Projekte ins Unternehmen übertragen. Neue Geschäftsfelder wurden definiert, Prozesse, und das Entlohnungssystem wurden neu aufgesetzt. Natürlich war es für manche Mitarbeiter zu viel Veränderung, trotz der Würdigung ihrer bisherigen Leistungen kündigten einige, um sich eine Stelle zu suchen, die ihrer gewohnten Unternehmenskultur entsprach. Eins ist mir hier ganz wichtig: Trotz umsichtiger Bemühungen wird es nicht möglich sein, alle Mitarbeiterinnen und Mitarbeiter von einem Kulturbruch zu überzeugen. Man muss nicht jede Veränderung mittragen, man darf sich dagegen entscheiden – und die Konsequenzen ziehen.

Schritt 3: Welche Prägung hat die Führung?
Die prägende Wirkung der Führungskraft ist am größten – und sie kann in jeder Entwicklungsphase leider ganz gewaltig bremsen. Mitunter, ohne sich dessen bewusst zu sein. Denn wir alle haben immer gute Gründe für oder gegen etwas. Bei einer angestrebten Veränderung geht es jedoch nicht um einzelne fachliche Entscheidungen, sondern es geht um die Voraussetzungen dafür, dass die Entwicklung überhaupt möglich wird.

Darum ist der dritte Schritt ganz besonders relevant:
- Welche Prägung – Entwicklungsstufe – hat die Geschäftsführung?
- Welche Werte dominieren bei den Führungskräften?
- Gibt es dabei Unterschiede zu den Mitarbeiterinnen und Mitarbeitern?
- Wie sieht es bei der Unternehmerfamilie aus?
- Haben wir einen gemeinsamen Purpose?

Bei kleineren Projekten bezieht sich das auf die Führungskraft des betroffenen Teams. Bei Veränderungen, die das gesamte Unternehmen beeinflussen, oder bei solchen, bei denen die Geschäftsführung auf jeden Fall mitreden möchte, muss sich jede agile Firma ehrlich fragen: Haben wir die nötigen Kompetenzen im Management? Sollten Veränderungen in der Führung erfolgen?

Vielleicht haben Sie sich schon gefragt, warum diese Fragen nicht gleich im ersten Schritt gestellt werden. Meine Erfahrung ist: Je ausführlicher man sich mit dem Thema beschäftigt hat, desto ehrlicher sind die Antworten. Stellt man diese Fragen gleich am Anfang ist die Wahrscheinlichkeit höher, dass »gewünschte« Antworten gegeben werden und keine selbstkritische Auseinandersetzung erfolgt.

DIGITALE EXTRAS

Die drei Schritte für Veränderungen können Sie auf mybook.haufe.de als Checkliste herunterladen.

3.2 Kompetenzen der gelben Entwicklungsstufe

!

Darum geht es

In der digitalen Transformation, der vierten industriellen Revolution, bestehen Unternehmen, die Anteile der gelben Entwicklungsstufe gemäß des Spiral-Dynamics-Modells erreicht haben. Besonders die Führungsebene sollte gelbe Kompetenzen erkennen, fördern und an zentralen Stellen installieren.

Gelb ist Trumpf!

Nach Graves ist der Übergang von Grün nach Gelb nicht nur »eine Entwicklungsstufe weiter«, sondern »ein bedeutsamer Sprung«. Gelb ist der Beginn des **zweiten Ranges** (Second Tier), er ist geprägt von der Komplexität der Umwelt. Die Krisen und Chancen unserer Zeit – ökologisch, wirtschaftlich, politisch, technisch – lassen sich mit bisherigen Denkmustern oft nicht mehr lösen. Gelb kann als erste Stufe alle bisherigen Denkweisen »mitbringen« und verstehen. Es kann die unterschiedlichen Stärken und Schwächen der vorhergehenden Stufen berücksichtigen und sie flexibel nutzen. Auf der gelben Entwicklungsstufe gibt es eine sehr große Kompetenz, mit unterschiedlichen Charakteren zu interagieren und die jeweilige Sprache zu sprechen. Es werden unterschiedliche Meinungen nebeneinander akzeptiert, auch wenn man sie nicht teilt. Es gibt eine ausgeprägte Fähigkeit, mit unterschiedlichen Gefühlslagen umzugehen. Das Individuum steht im Mittelpunkt. Menschen mit gelber Prägung lösen Probleme, während andere sich beschweren, es aussitzen, endlos diskutieren oder nach einer starken Persönlichkeit schielen. Die Haltung bei Gelb: **Neue Zeiten erfordern neues Denken**.

Die Stärken von gelben Organisationen und Mitarbeitern in der digitalen Transformation:

- Offenheit für Veränderungen
- Streben nach Wissen
- Suchen nach der besten Lösung
- Leben der eigenen Individualität
- Hinterfragen von Regeln
- Erkennen der Bedeutung von Daten
- kein Streben nach Anpassung
- Anerkennung von Andersartigkeit
- Motivation durch die Möglichkeit, Bewährtes zu hinterfragen, Grenzen zu durchbrechen und Neues zu wagen
- persönliche Weiterentwicklung als Kern
- persönliches Wachstum ist wichtiger als Status, Macht oder materieller Besitz

Die gelben Stärken sind der Motor in der digitalen Transformation. Das ist entscheidend! Doch bei den derzeit oft drastischen Veränderungen brauchen wir unbedingt auch die grünen Kompetenzen. Denn diese sorgen dafür, dass wir die Menschen auf dieser Reise mitnehmen. Zur Erinnerung:

Grün – Team, Toleranz, Innovation !

Partizipieren und Einbeziehen sind entscheidende Elemente in der Zusammenarbeit. Ziele werden durch gemeinsames Handeln und Konsensbildung erreicht. Auch hier hat der Erfolg des Unternehmens oberste Priorität, allerdings als Teamleistung. Menschen sind wichtiger als »die Sache«.

Die wichtigsten »grünen« Werte: Menschlichkeit, Teamerfolg, Kooperation, Toleranz, Harmonie, Offenheit, Kommunikation, Empathie, Ehrlichkeit, Networking, Wertschätzung, Lernen, Reflexion, Fairness.

Der Mensch braucht Sicherheit

Veränderungen jeder Art stören die Sicherheit, denn was auf uns zukommt, ist unbekannt und ungewohnt. Für die meisten bedeuten Veränderungen irgendeine Form von Stress. Einige lieben Herausforderungen, andere sind verunsichert, wenn sie ihre Komfortzone verlassen müssen. Je drastischer – oder unvorhersehbarer – die Veränderungen ausfallen, desto stärker sind die Gefühle. Abhängig von der Persönlichkeit und davon, worum es geht, werden klassische Stressmuster ausgelöst: Flucht, Angriff, Totstellreflex. Ganz besonders dann, wenn das Vertrauen in einen klaren Kurs und in die Führung nicht (genug) vorhanden ist.

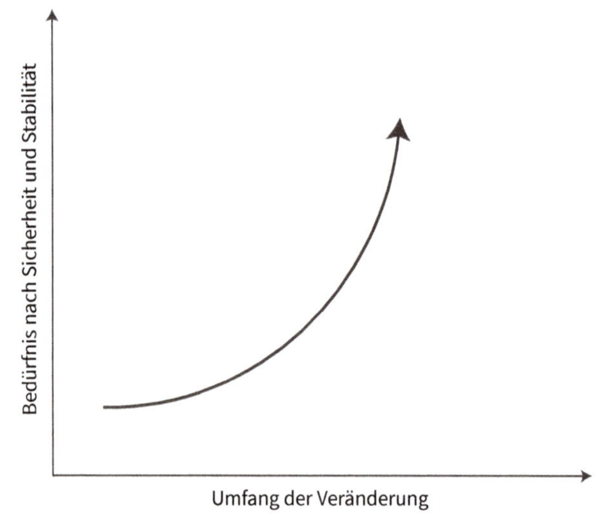

Abb. 6: Dilemma: Veränderung vs. Bedürfnis nach Sicherheit und Stabilität

Entscheidend ist, dass diese Emotionen erkannt, ernst genommen und auf der Meta-Ebene besprochen und bearbeitet werden!

Verständnis unterstreichen	Bedürfnisse abholen	Involvieren
»Wir verstehen Eure Sorgen und Ängste!«	»Welche Infos braucht Ihr? Was ist noch nicht verständlich? Was könnte Euch helfen?«	»Bei welchem Projekt möchtet Ihr gerne dabei sein? In welcher Funktion?«

Damit das gelingt – und nicht nur so dahingesagt ist –, braucht es die Stärken einer grünen Organisation! Grüne Unternehmenskulturen sind geprägt von Menschlichkeit und Teamarbeit. Doch trotz Fokussierung auf eine starke Teamkultur und permanente Diskussionen lassen sich dadurch nicht alle Herausforderungen lösen. Hier kommt die

Stärke von Gelb ins Spiel. Und Gelb sorgt mit einer positiven Ausprägung von Rot für eine klare Sprache, bringt es auf den Punkt und forciert die Umsetzung.

Wichtig

!

Auch wenn das Unternehmen noch auf einer vorhergehenden Stufe steht oder sich entscheidet, aktuell auf einer anderen Stufe zu bleiben – zum Beispiel Orange – kann es gelbe Anteile mehr betonen. Sie können die gelben Kompetenzen von Mitarbeiterinnen und Mitarbeitern besser nutzen beziehungsweise integrieren.

3.2.1 Gelbe Teams und Mitarbeiter identifizieren

Durch wissenschaftlich fundierte Persönlichkeitstests (z. B. profilingvalues, profilingbrands, Insights MDI, 9Levels), die im Businessleben schon lange genutzt und anerkannt sind, lernen Sie die Persönlichkeitsmerkmale, Werte und Stärken Ihrer Belegschaft differenzierter kennen (vgl. Abschnitt »Weitere Ressourcen« im Schlussteil des Buches). Doch Sie können natürlich ganz praktisch herangehen.

Daran erkennen Sie Menschen mit gelber Ausprägung

!

Wissensgenerator: Er ist neugierig, blickt immer über den Tellerrand, will es genau wissen, findet Zusammenhänge spannend, kombiniert gerne und ist dadurch ein Katalysator für innovative Ideen, teilt Wissen gerne und bereitwillig, tauscht sich aus, erweitert stetig seinen Horizont.
Kommunikation: Er hinterfragt den Status quo und stellt auch unbequeme Fragen, durchaus hartnäckig. Verstehen ist für ihn wichtig, er kann gut nachvollziehen, redet nicht gegen, sondern ergänzt Ideen.
Entdeckergeist: Er strebt danach, Antworten auf offene, neue Fragen zu finden, Neues zu erforschen, Dinge zu verstehen, etwas anders oder besser zu machen, hat eine »Geht nicht, gibt's nicht«-Mentalität. Die Möglichkeiten der Digitalisierung werden als Chance gesehen.
Lösungsorientierung: Er hat das große Ganze im Blick: Sieht nicht nur ein Symptom oder einen Brandherd, sondern die Bandbreite und mögliche Lösungen, hält nichts von der Suche nach einem Schwarzen Peter oder Sündenbock, sondern konzentriert sich auf die Sache und mögliche nächste Schritte.
Effizienz: Er sucht den direkten Weg, will keine Zeit mit politischen Spielchen verbringen, sondern aufgrund von Wissen, Erfahrungen und Daten schnelle Entscheidungen treffen.
Integrationsfähigkeit: Er nimmt jeden, wie er ist. Erkennt die Natürlichkeit von Chaos und Unterschiedlichkeit. Kann Netzwerke organisieren und hochflexibel nutzen. Erwartet im Gegenzug Kompetenz bei fachlichen Themen. Andere Meinungen sind Lernchancen, wenn sie gut begründet sind. Er kann sich selbst korrigieren.
Mut: Er ist kaum ängstlich. Veränderung ist für ihn ein Dauerzustand und das Salz in der Suppe. Neue Themen sind Lernchancen.

Haben Sie gelbe Mitarbeiter identifiziert – oder gelb geprägte Teams –, dann gilt es natürlich, ihnen den entsprechenden Wirkrahmen zu geben: Ihre gelben Mitarbeiterinnen und Mitarbeiter können eine Vorbildfunktion einnehmen, aber eben nur, wenn Sie deren Stärken nutzen, anstatt sie zu begrenzen. Gelbe Mitarbeiter sind Ihre Katalysatoren dafür, dass Veränderungen schneller und konstruktiver vorangehen, sie halten die Fahne für die Unternehmensentwicklung hoch und integrieren die anderen. Aber eben nur, wenn man sie lässt. So sollte beispielsweise in allen Meetings, Projekten und Prozessen, die einen Transformationscharakter haben, unbedingt gelbe Kompetenz dabei sein.

Vorhandene gelbe Kompetenzen zu nutzen, gelingt nur, wenn die Geschäftsführung das unterstützt!

3.2.2 Ein Muss: Gelbe Kompetenzen in der Geschäftsführung

Bei der digitalen Transformation hängt der Erfolg davon ab, wie stark das Thema von den Inhabern vorgelebt und/oder unterstützt wird. Nur wenn die Führungsebene die passende Haltung hat, werden diese Veränderungen erfolgreich sein. Bevor Sie mit einem umfassenden Change-Projekt starten, müssen die Entscheider diese Voraussetzungen erfüllen. Prüfen Sie bitte kritisch, ob die Geschäftsführung die oben angeführten gelben Kompetenzen mitbringt:

- Wissensgenerator
- Kommunikation
- Entdeckergeist
- Lösungsorientierung
- Effizienz
- Integrationsfähigkeit
- Mut

Wenn (noch) nicht, muss zunächst bei diesen Kompetenzen angesetzt werden.

Für Familienunternehmen, die von der digitalen Transformation stark betroffen sind, ist es lebenswichtig, zu erkennen, ob diese gelben Kompetenzen vorhanden sind. Falls das nicht der Fall ist, sollten sie durch einen externen Geschäftsführer kompensiert werden. Die Entscheidung, zum ersten Mal »einen Externen« ins Unternehmen zu holen, stellt meistens einen heftigen Kulturbruch in einem Familienunternehmen dar, doch mit Blick auf die Anforderungen in den nächsten Jahren kann das der entscheidende Schritt sein, um die vierte industrielle Revolution erfolgreich zu meistern bzw. zu überleben.

Die gelben Kompetenzen in der Geschäftsführung entscheiden, ob die digitale Transformation erfolgreich ist.

Die Entwicklungsstufe – und die farbliche Zusammensetzung, die Buntheit von Unternehmen, Abteilungen und Menschen – bestimmt also, wie Sie bisher mit Veränderungen umgehen und gezielt die Veränderungsbereitschaft und -kompetenz fördern können. Daran schließt sich ein für viele Unternehmen ungewohntes Vorgehen an, was Planungen angeht.

3.3 Exkurs: Das Hartman-Werte-Profil und die Führungskompetenzen

Schauen wir uns noch einmal das Hartman-Werte-Profil an. Welche der sechs Kompetenzfelder sind am wichtigsten für das Thema Führung? Ist es das praktische Denken? Das strukturierte Denken? Oder die Empathie? Wie wichtig sind die inneren Aspekte – Zielorientierung, Rollenklarheit, Erfolgsorientierung oder das Bewusstsein für die eigenen Bedürfnisse?

Das Hartman-Werte-Profil: Die wichtigsten Kompetenzfelder einer Führungskraft

Wertedimension	Innen	Außen
Menschliche (Herz)	**Wer** bin ich? Eigene Bedürfnisse	**Wer** ist um mich herum? Empathie
Praktische (Hand)	**Was** bin ich? Rollenklarheit	**Was** ist um mich herum? Praktisches Denken
Grundsätzliche (Hirn)	**Wofür** bin ich auf der Welt? Persönliche Zielorientierung	**Wofür** ist das um mich herum? Strukturiertes Denken

Tab. 4: Das Hartman-Werte-Profil (Quelle: Eigene Darstellung in Anlehnung an Hartman (2013))

Aus wissenschaftlichen Werte-Profiling-Studien wissen wir, dass Top-Führungskräfte im Inneren sehr ausgeprägte Kompetenzen haben. Sie sind im Inneren in der Balance, haben eine klare Antwort auf die Frage, wer sie sind, und haben eine gute Verbindung zu ihrer inneren Stimme. Auch erkennen sie, welche Rolle sie im beruflichen Kontext besetzen wollen. Sie können für sich sehr gut definieren, was für sie Erfolg bedeutet, und sie wissen, wohin sie in ihrem Leben wollen. Sie haben für sich selbst ein stimmiges Lebenskonzept, welches alle drei Wertedimensionen berücksichtigt.

Diese Menschen haben einen **inneren Leuchtturm**, kennen ihre Bedürfnisse, stehen zu sich selbst, haben eine positive Lebenseinstellung, sind authentisch und wirken dadurch sehr souverän. Daher sind sie nicht abhängig von ihrer beruflichen Rolle, sie definieren sich nicht darüber. Sie genießen natürlich ihren Beruf und streben Erfolg an, aber nicht auf Kosten von anderen und vor allem nicht auf Kosten ihrer eigenen Werte. Sie sind frei und dadurch stark. Sie haben Charisma und ihr Umfeld spürt, dass diese Person ihren Weg kennt.

Entscheidend ist jetzt, dass sie auch ausgeprägte empathische Kompetenzen haben und nicht selbstbezogen agieren – oft ein schmaler Grad. In der menschlichen Wertedimension ist Empathie die nach außen gerichtete Kompetenz, es ist die Antwort auf die Frage: *Wer ist um mich herum?* Hier liegt unser Einfühlungsvermögen (Können) und unsere Einfühlungsbereitschaft (Wollen). Dabei geht es um die Frage, wie gut wir auf die Unterschiedlichkeit von Menschen eingehen können und wie viel Aufmerksamkeit wir den Menschen um uns herum geben. Wenn wir das Hartman-Werte-Profil mit Spiral Dynamics abgleichen, dann entsprechen diese Kompetenzen der gelben Stufe.

Vielleicht sind Sie überrascht, dass das praktische und strukturierte Denken nicht am wichtigsten ist. Doch was macht eine Top-Führungskraft aus? Gerade in der digitalen Transformation, bei der der Mensch den Unterschied macht, sind Manager gefragt, die ihre Mitarbeiterinnen und Mitarbeiter bei den Veränderungen mitnehmen und Verbundenheit erzeugen.

Im Gegensatz dazu gibt es viele Führungskräfte, die sich über ihre berufliche Rolle definieren. Diese haben oft eine geringe Klarheit über ihre eigenen Bedürfnisse. Oft wissen sie nicht, was ihnen wirklich wichtig ist, manchmal spüren sie im Inneren eine Spannung, aber sie können es nicht deuten, ein diffuses Gefühl von Unzufriedenheit entsteht. Dadurch verlieren sie an Führungsausstrahlung. Wenn ich selber keine Klarheit in mir habe, wie soll ich dann andere führen?

! **Das Hartman-Werte-Profil als Instrument im Managementalltag**

Das Hartman-Werte-Profil (HWP) eignet sich hervorragend als Instrument für den Managementalltag, weil es auf einfache Weise zeigt, wie wertvoll die Balance zwischen den Ebenen Herz, Hand und Hirn ist. Dadurch wird auch die Bedeutung für die eigenen Bedürfnisse sichtbar. Ein Aspekt, der bei klassischen Führungsansätzen meistens vernachlässigt wird. Doch erst dadurch können Führungskräfte, Mitarbeiterinnen und Mitarbeiter kraftvoll in ihrer beruflichen Rolle wirken und dabei auch ihr »Ich« bewusster und harmonischer leben.
Souveräne Führungskräfte erkennen Sie auch daran, dass sie klar sagen können, was für sie im Leben Sinn macht – sie sind sich ihrer selbst bewusst und das hilft, gerade in stürmischen Zeiten.
In Kapitel 4.1.3 finden Sie weitere praktische Anregungen, wie Sie das HWP im unternehmerischen Alltag einsetzen können.

3.4 Umgang mit Ungewissheit – Der Effectuation-Ansatz

! **Darum geht es**

Mit Weitblick wendig handeln lernen. Warum Sie in Sprints statt im Marathon denken müssen. Der Patchwork-Gedanke im Unternehmen. Limonade statt Champagner und wie vielseitig der Purpose als Leitplanke dient.

Wie planen Sie für eine Zukunft, die nicht vorhersehbar ist? Bisher machen die meisten Firmen »Drei-bis-fünf-Jahrespläne«. Beim jährlichen Strategiemeeting wird dann überprüft, ob die Ziele eingehalten werden, und es erfolgt eine Anpassung. In Branchen, die von der digitalen Transformation betroffen sind, macht das keinen Sinn mehr! Die Entwicklungen sind zu schnell und zu stark, um derart langfristige Ziele zu haben. Was früher bewährte Pläne waren, ist in der heutigen Zeit viel zu starr und unbeweglich.

Wir müssen uns von linear-kausalen Denkformen verabschieden, die eine vorhersehbare und berechenbare Zukunft voraussetzen. Linear-kausal bedeutet: Ich tue etwas und weiß, was passiert. Wenn ich ein Haus baue, dann wissen wir, wie es geplant und gebaut wird. Das ist im Prinzip einfach. Doch diese Denkhaltung funktioniert in vielen Branchen nicht mehr. Die Entwicklungen und Reaktionen sind schlicht nicht mehr planbar. Damit klarzukommen, ist für viele Geschäftsführer ein brutaler Einschnitt. *»Früher habe ich auf der Herbstmesse meine Aufträge für das nächste Jahr abgeschlossen und daraufhin haben wir die Produktion geplant, das ist jetzt nicht mehr möglich, alles ist viel kurzlebiger«,* so der O-Ton eines Mittelständlers.

Wie gehen wir mit dieser Schnelllebigkeit um? Die Antwort: Wir versuchen, eine andere Haltung einzunehmen. Einen hilfreichen, pragmatischen Ansatz nennt man »Effectuation«. Er basiert auf der Annahme, dass sich die Zukunft nicht vorhersehen und planen lässt.

Hintergrund: Effectuation !

Effectuation ist der wissenschaftliche Begriff für eine Logik unternehmerischen Handelns. Sara Sarasvathy, Professorin für Unternehmertum, Kognitions- und Verhaltensökonomie, hat die Problemlösungsstrategien von Firmen analysiert und entdeckt, dass sich erfolgreiche Unternehmer unter hoher Unsicherheit und geringer Vorhersagbarkeit an bestimmten Prinzipien orientieren. Im deutschsprachigen Raum wurde der Ansatz durch Michael Faschingbauer bekannt. Im Vorwort zu seinem Buch »Effectuation« (2017) schreibt Sarasvathy: »Effectuation ist ein [...] Set von Prinzipien [...] und ein detailliertes Framework zum Verständnis von und zum Umgang mit echter Ungewissheit. Echte Ungewissheit bezieht sich auf eine Zukunft, die nicht nur nicht bekannt, sondern nicht wissbar ist. Effectuation [...] erlaubt uns zwei Dinge:

- Neues und Wertvolles gestalten, ohne vorher wissen oder genau planen zu müssen, was dieses Neue ist,
- und dabei nicht mehr zu verlieren, als wir uns im Prozess zu verlieren leisten können.«

Der Effectuation-Ansatz konzentriert sich auf das, was selbst gesteuert werden kann und machbar ist. Er zeichnet sich durch folgende Prinzipien aus:

Bird in Hand	**Affordable Loss**	**Lemonade**	**Patchwork Quilt**	**Pilot-in-the-Plane**
Welche Ressourcen haben wir?	Welcher Verlust ist tragbar?	Was können wir daraus machen?	Wer hat Lust, mitzumachen?	Was können wir gestalten?

3.4.1 Bird in Hand – Das Prinzip der Ressourcen und Kompetenzen

Im linear-kausalen Denken setzen wir ein Ziel und überlegen dann, welche Mittel wir brauchen, um das Ziel zu erreichen. Das macht Sinn, wenn wir beispielsweise überlegen, wie wir Ware von München nach Hamburg transportieren. Wir prüfen die Angebote und suchen die günstigste und qualitativ beste Alternative aus. Doch wenn wir gar nicht wissen, wo unser Ziel ist, wie können wir dann vorgehen? Beim Effectuation-Ansatz überlegen wir, welche Mittel wir haben (»Der Spatz in der Hand«) und auf welche Ressourcen wir zugreifen können, z. B.:

→ Was können wir?
→ Was sind unsere Stärken?
→ Was sind unsere Erfahrungen?
→ Was sind unsere unentdeckten Talente?
→ Welche Kombinationsmöglichkeiten von technischer Kompetenz haben wir?
→ Welche Ausstattung und vorhandenen Prozesse haben wir?
→ Was sind unsere Werte?
→ Was ist unser Purpose?
→ Wen kennen wir?

Beim »Prinzip der Ressourcen und Kompetenzen« geben unsere Mittel vor, welche Ziele überhaupt in Betracht gezogen werden. Das bedeutet, es steht nicht ein Ziel im Fokus, sondern eine Vielzahl von Möglichkeiten. Das fördert, anders – frisch – zu denken und ganz neue Möglichkeiten zu sehen. Wir verfallen nicht in einen Tunnelblick, der nur auf das Ziel konzentriert ist und dazu führt, dass wir über Abweichungen diskutieren oder darüber, warum wir das Ziel noch nicht erreicht haben, stattdessen bleibt unser Blick offen für neue Möglichkeiten.

Um den Unterschied zwischen der zielorientierten Logik und dem Effectuation-Ansatz zu veranschaulichen, möchte ich Ihnen noch ein Beispiel aus unserem Alltag geben. Wenn Sie nach Rezept kochen, legen Sie ein Ziel fest, entsprechend kaufen Sie ein, bereiten die Zutaten vor und folgen dem Rezept. Wenn Sie nach dem mittelorientierten Ansatz vorgehen, schauen Sie zuerst in den Kühlschrank: Was ist drin? Welches Gemüse? Noch Fleisch? Und dann: Welche Nudeln haben wir noch im Regal? Und los geht‹s. Wahrscheinlich haben Sie auch schon erlebt, dass Sie danach gesagt haben: »So etwas haben wir noch nie gekocht, war aber verdammt lecker.« Durch den Fokus auf die vorhandenen Mittel werden Sie viel kreativer und finden – bisher – ungedachte Lösungen.

Mit diesem Blickwinkel auf das, was Sie bereits an Ressourcen haben und was damit möglich ist, gewinnen Sie zudem einen enormen wirtschaftlichen Schub: Es ist sehr viel effizienter, das vorhandene Kapital besser zu nutzen, darauf aufzubauen und Synergieeffekte zu schaffen, als immer wieder etwas Neues einzukaufen, ob es nun Technik, vorhandene Prozesse oder Mitarbeiter sind.

»In die Zukunft investieren« wird gern zu einseitig betrachtet. Je nachdem, welche Anforderungen aktuell an Sie und Ihre Branche gestellt werden, kann es gut sein, dass Sie denken: *»Wir müssten da jetzt viel Geld in die Hand nehmen, wenn wir xy erreichen wollen.«*, *»Unser Fokus und unsere Energie müssen voll und ganz auf Z liegen.«* Aber was ist, wenn Sie derzeit in der Bredouille sind, weil Sie glauben, dass sie gerade das nicht leisten können?

Investitionen betreffen die Parameter Zeit, Geld und Fokus !

Zeit, Geld und Fokus – alle drei Parameter spielen bei einem Ziel eine Rolle. Wie Sie diese einsetzen, liegt nicht nur an den Prioritäten, die Sie setzen, sondern unter anderem daran, was Sie an Investitionen leisten können oder wollen.
So kann es sein, dass eine Firma derzeit angeschlagen ist und finanziell keinen großen Spielraum hat, etwa um eine wichtige Anschaffung zu machen (z. B. eine Maschine oder externes Know-how einzukaufen, indem sie eine Fachkraft einstellt, die aber momentan zu teuer wäre). Dann ist Ihre Ressource *Geld* hier deutlich begrenzt, *aber* Sie haben vorhandene Arbeitskräfte, könnten punktuell Fachwissen einkaufen oder schauen: *»Was ist Plan B?«* Indem Sie mit Blick auf Ihre vorhandenen Ressourcen – Was ist im Kühlschrank? – das Ziel passend machen oder aber indem Sie sich ein alternatives Ziel überlegen.

In der VUCA-Welt müssen Unternehmen auch lernen, sich von der Perfektion zu verabschieden. Es muss nicht immer die Premium-Lösung sein, und anstelle einer langen theoretischen Vorbereitung von Projekten wird losgelegt mit dem, was da ist, bzw. überlegt: Wie kann ich das, was vorhanden ist, sinnvoll kombinieren oder ergänzen?

Wobei Ihr besonderes Augenmerk bitte auf den Menschen liegt. Denn in jedem Unternehmen liegt immenses Know-how brach: Ob es Erfahrungswerte sind, die nie richtig erkannt wurden, weil sie nur nebenbei mitlaufen, oder ob es um erworbenes Spezialwissen geht, das etwa in Weiterbildungen angesammelt wurde, aber seitdem in der Schublade liegt. Am allerwichtigsten ist das Potenzial, das in Ihren Mitarbeiterinnen und Mitarbeitern steckt – und in Ihnen selbst!

Prinzipiell haben Familienunternehmen hier einen Vorsprung: Je kleiner die Firma, desto fächerübergreifend sind Mitarbeiter involviert. Während in Konzernen die Aufgabengebiete sehr kleinteilig und oft »abgeschottet« vom großen Ganzen erfüllt werden, hat man in KMU sehr viel mehr Überblick. Man arbeitet meist enger zusammen, läuft mal eben in die andere Abteilung, bespricht sich öfter, tüftelt gemeinsam an einem Kundenauftrag , löst ein Problem. Mitarbeiter der ersten Stunden eines Unternehmens haben meist Eierlegende-Wollmilchsau-Qualitäten, wie man so schön sagt: Sie haben alles gemacht, sind mit der Zeit vermutlich mit unterschiedlichen Positionen vertraut gewesen, haben sich hochgearbeitet. Nun ist es jedoch immer so, dass – wie bei einem Eisberg – die eigentlichen Kompetenzen, Interessen und Stärken im Berufsalltag gar nicht immer sichtbar sind:

→ **Wer in einer bestimmten Position ist, hat innerhalb seines Aufgabengebietes oder bei Projekten bisher möglicherweise nicht frei genug handeln dürfen, können oder wollen.**
  Hier spielt u. a. die momentane Unternehmenskultur eine Rolle: Wenn bisher Vorschläge, Kritik und neue Wege nicht erwünscht waren, dann kommt die Botschaft an, dass es ohnehin nichts bringt, sich dazu zu melden. Auch sehr strikt getrennte Aufgabengebiete verhindern das. Stellen Sie sich ein Projektmeeting vor, in dem ein Vertriebler einen Produktvorschlag macht, von dem er weiß, dass die Kunden sich das wünschen, die Herstellung sich da aber nicht reinreden lässt, zumal das Produkt schon lange geplant ist. Und was ist mit Mitarbeitern, die denken, es stehe ihnen nicht zu, etwas aktiv einzubringen, weil sie »nur« Werkstudenten oder Teamassistenten sind?
→ **Je nach Persönlichkeit sind manche Menschen zu selbstkritisch und zögerlich, mit ihren Meinungen, ihrem Können oder ihren Ideen offensiv hervorzutreten.**
  Die meisten Führungskräfte erkennen sehr genau, wer verlässlich, sorgfältig, ideenreich, systematisch ist, das eigene Licht jedoch unter den Scheffel stellt oder einfach zu große Selbstzweifel hat. Nutzen Sie Ihr Wissen, um diese Mitarbeiterinnen und Mitarbeiter stärker einzubinden, sie aus der Deckung zu locken.
→ **Nicht jeder Mitarbeiter ist am richtigen Platz!**
  Das ist enorm komplex, denn in jedem Unternehmen gibt es Leute, die unterfordert sind. Als Führungskraft fällt Ihnen das möglicherweise gar nicht auf, weil das Aufgabengebiet, das der Mitarbeiter innehat, reibungslos läuft. Das wahre Dilemma ist, dass ein durchschnittlicher oder nicht so guter Mitarbeiter möglicherweise überfordert oder fehlqualifiziert ist, an anderer Stelle jedoch der Überflieger wäre. Derlei versteckte Ressourcen sind für Führungskräfte wirklich schwer zu erkennen, denn es gibt hier meist keine Anzeichen für mehr Potenzial oder besondere Stärken.

Sie haben in Ihrer Firma einen enormen Schatz an Fähigkeiten, der Ihnen – und oft den Mitarbeitern selbst – noch gar nicht bewusst ist! In Kapitel 4 geht es um das Etablieren einer motivierenden und veränderungsförderlichen Unternehmenskultur. Damit schaffen Sie einen Rahmen, der diese bislang ungenutzten Ressourcen zum Vorschein bringt. **Wichtige Leitplanken sind hier Ihr Purpose und Ihre Werte.** Je weniger die Ziele von außen vorgegeben sind, desto wichtiger ist unsere Haltung. In welches unbekannte Land wollen wir gemeinsam gehen? Entscheidend ist dann auch, die ersten Schritte zu gehen, denn durch Handeln wird Ungewissheit abgebaut. Wir können lange überlegen, wie es in einem fremden Land sein mag, können uns darüber den

Kopf zerbrechen. Aber Sie haben die Erfahrung bestimmt schon im Urlaub gemacht: Sobald man dort ist, weicht die Ungewissheit. Mit jedem neuen Tag bewegen wir uns mit größerer Sicherheit und sehen mehr Möglichkeiten. Genauso ist es im unternehmerischen Kontext: Motiviertes Handeln entsteht, wenn man davon überzeugt ist, zu einem erfolgreichen Ergebnis zu gelangen. Sehr hilfreich ist dabei auch die Erfahrung, wie man bisher mit Veränderungen und Unsicherheit umgegangen ist. Welche Erfolgsgeschichten gibt es? Das stärkt die Motivation, Unbekanntes auszuprobieren.

3.4.2 Affordable Loss – Das Prinzip des tragbaren Verlustes

Normalerweise fragen wir: Was bringt es uns? Das ist die klassische Frage in der linear-kausalen Welt. Was gebe ich rein, was bekomme ich zurück? Input/Output. Lohnt sich das überhaupt? – Wir orientieren uns am möglichen Ergebnis und kalkulieren dann, was wir investieren können, um noch einen vernünftigen Deckungsbeitrag zu erwirtschaften.

Jedoch basieren solche Planungen immer auf Annahmen. Jedes Unternehmen hat seine Erfahrungen gemacht, dass ein Projekt tatsächlich viel länger gedauert hat, die Kosten explodiert sind, mehr Arbeitskraft gefressen hat etc. Dazu kommt, dass man vieles nur sehr grob einschätzen kann. In der aktuellen Zeit führt das zu »Kopfscheue«: Man weiß, es muss schnell ein neues Produkt auf den Markt, aber da es so viele Unsicherheiten gibt, erscheint die Sache nicht rentabel (genug) oder schlicht zu riskant. Schon wird der Kopf eingezogen.

Mit dem Prinzip »Affordable Loss« gehen wir anders an die Sache heran und überlegen, was wir im schlechtesten Fall verlieren könnten. Das hat folgende Auswirkungen:

- dass man etwas ausprobiert, ohne zu viel zu riskieren
- dass Umsetzung vor Perfektion und langen Diskussionen kommt
- dass mehrere Aktivitäten parallel laufen
- dass Scheitern nicht als Niederlage, sondern als geplanter Lerneffekt angesehen wird
- dass man nicht alles auf eine Karte setzt

Da Sie in Sprints denken, Ihr Projekt also in Etappen angehen und immer wieder überprüfen, gegebenenfalls nachjustieren, ist das Risiko überschaubar! Sie können also pro Schritt immer wieder auf kurze Sicht fahren und abwägen: Was können wir uns bei diesem Schritt leisten, zu verlieren?

Das ist sehr schlau, denn Sie denken nicht mehr in der Kategorie »alles oder nichts«, sondern viel differenzierter: Haben wir wertvolle Vorteile, *sogar* wenn es Nachteile gibt? Dadurch schaffen Sie Stabilität trotz Unsicherheit. Anstatt ein großes Projekt zu planen, startet man vier bis fünf kleine Projekte, wie Schnellboote, verbunden mit dem Wissen, dass zwei bis drei Boote möglicherweise nicht mehr zurückkommen oder einen anderen Kurs einschlagen als gedacht. Die Boote, die zurückkommen, von denen lernt man, mit denen tauscht man die Erfahrungen und das Wissen aus. Der Grundgedanke ist, schnell zu sein, Wissen zu sammeln und Neues auszuprobieren.

Das **Prinzip des tragbaren Verlustes** war auch ein Bestandteil der Gründung von Lothar Medtec. Allen Investoren war klar, dass es für den Unternehmenserfolg keine Garantie gibt, trotzdem kam die Summe von 520.000 Euro zusammen, um die Firma zu starten. Geprägt war diese Investitionsbereitschaft von der Haltung der einzelnen Investoren: »Ist es mir wichtig? Ist mir der Versuch, es zu probieren, mein Geld wert?« Das Risiko eines Verlustes wird durch zwei Aspekte kompensiert: die Aussicht auf eine entsprechende Rendite oder die Sinnhaftigkeit – der Purpose – des Projektes. Im Fall von Lothar Medtec war es der Purpose. Im Rückblick lässt sich natürlich die Frage stellen, warum die ehemalige Firma von Michael Hartung nicht dieses Risiko gewagt hat. Für eine Medizintechnikfirma sind 520.000 Euro kein großes Investment in ein sinnvolles Produkt auf einem weltweiten Markt. Aber vielleicht hätte die klassische Denke diesen Innovationsprozess blockiert: Wir entwickeln ein neues Produkt. → Was kostet die Entwicklung? Was bringt es uns?

Haben Sie in Ihrer Firma vielleicht eine vergleichbare Situation? Würde es für eine Idee Sinn machen, eine GmbH zu gründen, zwei Mitarbeiter dafür freizustellen und die einfach machen lassen, ohne monatlichen Report mit der Frage: Sind wir im Fahrplan? Habt Ihr die Milestones erreicht? Wann kommt der erste Umsatz?

Wie geht es Ihnen bei diesen Überlegungen? Fühlen Sie sich unwohl? Oder packt Sie der Abenteuergeist, für eine sinnvolle Sache mal ganz anders ranzugehen? Taten statt Worte?

3.4.3 Lemonade – Das Prinzip der Überraschungen und Zufälle

Beim linear-kausalen Denken ist die Aufmerksamkeit auf das gesetzte Ziel fokussiert. Unerwartetes und Zufälle werden eher als Störung angesehen, als Hindernisse, die uns auf dem Weg der Zielerreichung stören. Unsere spontane Haltung ist, diese Umstände zu beseitigen, sie zu umgehen. Im Extremfall »werfen wir hin« oder machen Abstriche. Das ist nicht nur jetzt, in der vierten industriellen Revolution, aktuell, sondern es war immer schon ein Knackpunkt. Denken Sie nur an diese berühmten Fehlannahmen:

»Ich denke, dass es weltweit einen Markt für vielleicht fünf Computer gibt.«
Thomas Watson, Ex-IBM CEO, 1943

»Das Internet ist nur ein Hype.«
Bill Gates, 1993

»Das iPhone wird nie im Leben einen bedeutenden Marktanteil erlangen. Keine Chance.«
Steve Ballmer, Ex-CEO Microsoft, 2007

An irgendeinem Punkt wurde deutlich: *»Überraschung! Es ist vollkommen anders, als wir das zuvor eingeschätzt hatten.«*

Dazu kommt, dass in keinem Projekt, erst recht nicht in komplexeren, alles glatt läuft: Vielleicht gibt es ein Bauteil nicht mehr, die Spezifikation muss angepasst werden und wirft die Entwicklung zurück, ein wichtiges Teammitglied mit Fachwissen fällt längere Zeit aus. Sie bekommen Wind davon, dass die Konkurrenz ihren Launch vorzieht und dadurch Ihr innovatives Produkt überschattet, der große Kunde zieht seine fest zugesagte Vorbestellung zurück …

Das Limonade-Prinzip
»Wenn dir das Leben Zitronen gibt, mach Limonade!« – Beim Limonade-Prinzip geht es darum, das Unerwartete aufzugreifen und als Gelegenheit zu nutzen, es profitabel zu machen. Das macht Sie souveräner, handlungsbereiter und Sie geben dem Zufall eine Chance! Jeder kennt die klassischen Beispiele weltbekannter Produkte, die aus Versehen entdeckt wurden oder auf einem Fehler basieren (u. a. Penicillin, Eis am Stiel, Post-its).

Anstatt sich also künftig zu ärgern, wenn Unvorhergesehenes dazwischenfunkt, fragen Sie: »*Wie können wir daraus Limonade machen*?« Das macht locker, nutzt vermeintliche Rückschläge und bringt auf neue Ideen.

3.4.4 Patchwork Quilt – Das Prinzip der Partnerschaften und Vereinbarungen

Beim linear-kausalen Denken steht das Ziel fest. Davon ausgehend schaut man: *Wer könnte dazu passen, wen brauchen wir dazu?* Aufgrund der eigenen Vorstellungen hält man gezielt Ausschau nach Mitarbeitern, Kooperationspartnern, Kunden, Lieferanten und anderen Marktteilnehmern. Meistens wirkt außerdem Konkurrenzdenken: Diese und jene Firma, Branche, Person darf nicht eingeweiht oder ins Boot geholt werden, weil sie uns etwas wegnehmen oder unsere Ideen stehlen könnten.

Beim Patchwork-Quilt-Prinzip suchen wir uns Menschen, die wir kennen und spannend finden. Wir suchen Partner, die Lust haben, sich einzubringen und Vereinbarungen einzugehen, noch lange bevor feststeht, wie das finale Produkt aussieht. Erfolgreiche Start-ups etwa sprechen mit vielen Menschen, um die Idee zu hinterfragen und um zu sehen »*Wer könnte dabei sein*?«. Sie klopfen ab: Wer lässt sich anstecken, wer ist motiviert, dabei zu sein? Die treibende Kraft ist wiederum der Purpose, weil es ein Produkt oder eine fertige Dienstleistung noch nicht gibt. Wer davon überzeugt ist, steigt mit ein, als Mitarbeiter oder als Investor. Die richtigen Partner sind diejenigen, die bereit sind, Vereinbarungen einzugehen.

So war es auch bei Lothar Medtec. Das Team der Mitarbeiter und der Gesellschafter ist entstanden aus Menschen, die den Purpose ansteckend finden. Also Menschen, die an diese Idee glauben und dadurch bereit sind, in ein Risiko zu gehen, indem sie angefangen haben, bei Lothar Medtec zu arbeiten, oder als Gesellschafter zur Finanzierung beigetragen haben. Durch diese Menschen ist die Idee gewachsen und ganz neue Optionen sind aufgetaucht, die am Anfang noch gar nicht angedacht waren. Auf einmal ist die Vermarktung in Asien und den USA eine konkrete Option, was am Anfang – aufgrund der fehlenden Ressourcen – gar nicht geplant war.

3.4.5 Pilot in the Plane – Das Prinzip des Kreierens und Steuerns

Niemand kann die Zukunft vorhersagen, doch das Bild des Piloten gibt sehr anschaulich vor, worum es geht: Wir können das beeinflussen, was wir im Hier und Jetzt in unserer Kontrolle haben. In dem Moment, in dem Sie die oberen vier Prinzipien einsetzen,

- Ihre vorhandenen Ressourcen nutzen,
- einen möglichen Verlust kalkulieren,
- Überraschungen als wertvolle Chance begreifen, sogar wenn es schlechte Nachrichten sind,
- Verbindungen schaffen von Leuten, die etwas beitragen wollen und die Sie spannend finden,

navigieren Sie nicht nur sehr viel sicherer – und selbstbestimmter – durch die VUCA-Welt, sondern bringen aktiv Ihre Entwicklung voran. Sie kreieren Ihre Zukunft, anstatt zu versuchen, vorherzusehen, was passiert. Das ist insbesondere wichtig, wenn es Turbulenzen gibt.

„Wir werden aufgefordert, Ideen einzubringen, aber dann ist der Raum nicht da, diese Ideen zu entfalten. Auch wird die Meinung der Mitarbeiterinnen und Mitarbeiter nicht genug berücksichtigt.

Führungskraft in einem Veränderungsprozess

3.5 Zur Veränderung gezwungen – Fluch oder Segen?

Wir müssen über **Disruption** reden. Das geflügelte Wort, das neben dem Begriff der Agilität heute omnipräsent scheint. Was war, wird erheblich gestört. So, wie wir bisher unser Geschäft gemacht haben, geht es nicht mehr weiter.

Die Entwicklungen, die mit den Umwälzungen der digitalen Transformation einhergehen, stören auf vielen Ebenen. Diese Störung kann vorteilhaft für Sie sein, ein Sprungbrett für Sie, sich klarer auszurichten, neue Märkte zu erobern und sich Ihre Nische zu sichern. Es kann aber auch richtig problematisch und existenzbedrohend für Sie sein. Damit meine ich gar nicht einmal nur die Tatsache, dass eine Firma in finanzieller Not steckt bzw. merkt, dass die bisherige Leistungs- oder Produktpalette über kurz oder lang nicht mehr gefragt genug sein wird. In jedem Familienunternehmen steht immer wieder die Frage an: Lohnt es sich weiterzumachen? Nicht nur bei einem anstehenden Übergang auf eine neue Generation, sondern ganz generell. Darum schauen wir uns auf den folgenden Seiten an, wie Ihnen der Purpose dabei hilft, Turbulenzen zu überstehen. Denn nur das Bewusstmachen reicht natürlich nicht. Sie müssen die Veränderungen aktiv anpacken.

3.5.1 Krisen meistern

Menschen gehen ganz unterschiedlich mit Krisen um. Sie können als selbstbewusster Businessmann oder forsche und souveräne Businessfrau nach außen auftreten: In dem Moment, in dem es ernste Schwierigkeiten und Krisen gibt, fallen wir auf unseren Kern zurück. In Kapitel 3.6 gehen wir auf das Thema der Veränderungsbereitschaft näher ein. Unter Druck handeln wir anders als im regulären Alltag, insbesondere im Familienunternehmen, in denen die Verantwortung gegenüber den Menschen und der Geschichte der Firma im Vordergrund stehen.

Bevor wir uns ansehen, wie Sie mit dem Purpose Veränderungen anstoßen können, die Sie marktfähig(er) machen, müssen wir mögliche Probleme aus dem Weg räumen. Wenn das für Sie glücklicherweise gerade kein Thema ist, überspringen Sie den Abschnitt einfach.

a) Ist die Krise existenzbedrohend?

Steckt Ihre Firma derzeit in einer existenziellen Krise, müssen Sie die Karten schonungslos auf den Tisch legen:

- **Wie ist die Situation?** Meiner Erfahrung nach werden große Probleme oft verschleppt. Man hofft, dass sich der Wind dreht, baut darauf, dass das Unternehmen schon schwierigere Zeiten überstanden hat – oder man möchte nicht sehen, dass es schon 5 nach 12 ist. Ganz unabhängig von Purpose, der Unternehmensentwicklung und neuen Marktchancen müssen Sie der aktuellen Situation unbedingt ins Auge sehen: Ohne rosarote Brille, aber auch ohne Schwarzmalerei. Schaffen Sie Fakten!

- **Wie sieht die aktuelle Krise konkret aus?** (z. B. Liquiditätsprobleme, kein wettbewerbsfähiges Produkt mehr, den größten Auftraggeber verloren und schon lange keinen Zuschlag mehr auf eine Ausschreibung bekommen, ...) Es ist gut möglich, dass es an verschiedenen Stellen gleichzeitig brennt. Vielleicht führt ein Liquiditätsproblem dazu, dass die Bank einen Kredit kündigen oder nicht bewilligen will, dass neue Ware nicht gekauft werden kann und damit Aufträge nicht termingerecht erfüllt werden können. Vielleicht steht die Auszahlung der Gehälter auf der Kippe und die Mitarbeiterinnen und Mitarbeiter fangen bereits an, sich nach einer neuen Stelle umzusehen ... Wahre Krisen lösen meistens einen Domino-Effekt aus. Schreiben Sie kurz und bündig auf, was derzeit Sache ist. Formulieren Sie nicht nur das Warum, sondern machen Sie sich unbedingt mit den Fakten vertraut, etwa wie die finanzielle Situation genau aussieht.
- **Wie dringend müssen Sie handeln?** Schätzen Sie ehrlich ein, ob – und wenn ja, wie viel – Zeit Sie haben, um die Krise zu lösen. Wenn Sie die Krise bereits verschleppt haben oder das Problem abrupt aufgetreten ist, aber mit Folgen, die Sie nicht verkraften können, muss eventuell sofort gehandelt werden. Wichtig: Es ist nie zu spät, zu handeln! Halten Sie sich nicht mit *»Wenn, dann, hätte ich nur ...«* auf. Das bringt nichts, die Dinge sind jetzt, wie sie sind.

Gibt es Lösungen – auch wenn darauf ein Aber folgt?
Gehen Sie die konkreten Brandherde, die Sie eben formuliert haben, einzeln durch und notieren Sie Lösungsoptionen. Suchen Sie keine allumfassende Gesamtlösung für alles zusammen. Das ist meist unmöglich. Finden Sie Ideen, welche Maßnahmen die Situation entschärfen oder wie Sie vielleicht etwas kompensieren könnten (z. B. *»Wir haben gerade zu wenig X, aber wir könnten Y nutzen, um ...«*).

Wenden Sie dabei die Effectuation-Prinzipien aus Kapitel 3.4 an:

- Welche Ressourcen haben wir?
- Welcher Verlust ist tragbar?
- Was können wir daraus machen?
- Wer könnte mitmachen/uns helfen?
- Was können wir gestalten?

Sammeln Sie für jeden Brandherd mögliche Ideen! Das ist sehr wichtig, weil bei einem großen Problem oft eine sehr fatalistische Haltung durchkommt: *»Dann müssen wir zusperren!«*

Lassen Sie zunächst alle Ideen zu: Wenn Sie zum Beispiel die Idee formulieren *»Wir könnten uns kaufen lassen oder einen Partner reinholen und dann sogar expandieren«*, dann schreiben Sie das mit auf. Notieren Sie Ihr Aber dazu – das können Fakten sein, also andere Folgen, die damit einhergehen. Es können Emotionen sein, etwa »*Ich kann auf keinen Fall die Firma verkaufen*«, wenn eine Option der Verkauf sein könnte. Sie treffen hier noch keinerlei Entscheidungen. Ihre Ideen sind lediglich das: Lösungsvariablen, die im Raum stehen.

Sparringspartner sind hier durchaus hilfreich. Entscheiden Sie dabei, ob Sie in Ihrer Familie oder im Managementteam Leute haben, die konstruktiv mitdenken, oder ob es besser wäre, einen Berater von außen hinzuzuholen. Wenn ja, suchen Sie sich jemanden, der Fachwissen und Erfahrung zu dem Problem hat, das Ihre Krise ausmacht.

Was muss entschieden werden?

Sie haben die Probleme identifiziert. Sie kennen die Dringlichkeit und haben eine Fülle von Ideen. Aus allem ziehen Sie jetzt das Fazit und definieren, was genau Sie entscheiden müssen, um die aktuelle Krise aufzuhalten und die Firma in Richtung Lösung zu bringen. Das kann bedeuten, dass Sie die Gewissheit haben, nur mit einer klaren Entscheidung aus der Krise zu kommen.

> **!** **Der Purpose in Krisensituationen**
>
> Auch in der Krise gibt Ihnen Ihr Purpose wichtige Orientierung. Merken Sie, dass Sie sich von einer Produktlinie verabschieden müssen? Oder dass eine Kernleistung einfach so, wie sie bisher war, nicht mehr rentabel ist? Suchen Sie Partner, die zu Ihnen passen? Oder sind Sie an einem Punkt, wo Sie das Familienunternehmen verkaufen müssen, wollen es aber nicht »irgendwem« überlassen, sondern sicherstellen, dass Ihr Vermächtnis möglichst weiterbesteht? In all diesen Fragen nützt der Purpose bei Entscheidungen: Sie können Lösungsideen damit abstimmen und die Entscheidungen im Sinne des Purpose treffen.

b) Schlechte Sicht und Turbulenzen?

Der Purpose leitet Ihnen, wie ein richtiger Leuchtturm, bei Nebel, Sturm und schlechter Sicht den Weg. Zu ihm gehören Passion, Performance und Perspektive – damit zeigt er Ihnen an, wenn Sie sich verlaufen haben. Sie haben sich nicht von ungefähr ausgerechnet für dieses Buch entschieden. Vielleicht fehlt es Ihnen derzeit an Orientierung oder Sie möchten zumindest für eine fixe Konstante sorgen, bevor der Nebel noch dichter wird.

> **!** **Purpose eines Hotels**
>
> *»Bei uns gibt's Familienanschluss. Übernachten ist Kerngeschäft, wir lieben die Kür – das Kennenlernen und Kümmern. Wir wollen Gäste, die das – und uns – mögen (Lieber weniger, dafür die Richtigen!). Wir tun alles dafür, dass unsere Gäste immer wiederkommen und wir sozusagen miteinander älter werden.«*

Wenn Sie Ihren Purpose frisch definiert haben, kann es sein, dass sofort klar wird, dass es möglicherweise einen turbulenteren Übergang geben wird. Der Purpose bildet ja nicht einfach ab, was ist, sondern das, was Ihnen besonders wichtig ist und wo Sie hinwollen – die Perspektive. Verglichen mit dem Bisherigen zeigt Ihnen der Purpose nun also möglicherweise an, wo Sie Fragezeichen haben oder weitere Veränderungen anstoßen sollten. Das könnte im Fall des Hotels so aussehen:

Bislang ist das Hotel eher normal gelaufen, es kamen angenehme Urlauber, aber es gab auch immer wieder Knatsch oder unpersönliche Gäste, wie das nun mal so ist. Nun hat der Familienbetrieb seinen Purpose definiert, doch jetzt ist die Frage: *Können wir uns das leisten?* Wir haben bisher zwar eine gute Auslastung, möchten uns die Gäste aber gerne strenger aussuchen, also einerseits die Leute gezielt ansprechen, die wir bei uns haben wollen, andererseits Anfragen von Gästen ablehnen, die wir nicht mehr beherbergen möchten bzw. die uns bei der Anfrage bereits vermitteln, dass die Chemie nicht stimmt. Geht das? Ist das realisierbar? Was ist, wenn uns diese Strategie ein Buchungsloch reißt?

In dieser Konstellation ist klar: Durch die Neuausrichtung – in dem Fall mit Fokus auf die Art der Gäste und der Interaktion – geht dieser Familienbetrieb einen eigenwilligen Weg, der möglicherweise nicht aufgehen wird.

Zudem stecken im Purpose des Hotels die nächsten Baustellen:

- Was meinen wir mit »kennenlernen« und »kümmern«?
- Wenn wir wollen, dass unsere Gäste uns mögen: Wie würden wir uns selbst beschreiben? Und was sind demnach »die richtigen Gäste«, die zu uns passen?
- Was wollen wir tun, anbieten, damit unsere Gäste zu Stammgästen werden, die regelmäßig kommen (und was heißt »regelmäßig«, schließlich gibt es unterschiedliche Intervalle, die zu ganz verschiedenen Ideen und Leistungen führen) und zu denen wir in herzlicher Verbindung bleiben ...?

Das sind nur drei Aspekte, die sich beispielhaft aus dem Purpose herausziehen lassen. Sie sehen, wie viele konkrete Ansätze entstehen – und welche Veränderungen sich daraus für das Hotel, die Gäste-Ansprache und die Selbstdarstellung ergeben.

Umgekehrt ist der Purpose natürlich die Messlatte für Ideen, die sonst im Alltag aufkommen. Unsere Hotelfamilie hat vielleicht eine tolle neue Idee für eine Promotion und merkt beim Gegenchecken: *Das würde uns zwar Gäste bringen, aber es passt ja gar nicht zu unserem Purpose.* – Es ist wichtig, solche Widersprüche zu bemerken, sie idealerweise zu integrieren oder zumindest bewusst im Einzelfall abweichend vom Purpose zu entscheiden, solange der Purpose insgesamt als fixer Leuchtturm genutzt wird.

Sie werden von außen zu einer Veränderung gezwungen

Nehmen wir an, in der Gegend, in der unser Hotel steht, haben zwei weitere Hotels eröffnet, die deutlich günstigere Preise anbieten und eine gehobenere Ausstattung haben, weil sie neu gebaut sind. Die Lage ist vielleicht noch besser, die Preise günstiger und weil im Internet der Vergleich von Komfort und Preisen so einfach ist, sind die Buchungen im letzten Dreivierteljahr deutlich zurückgegangen. Der Blick auf den Purpose zeigt die eigenen Ziele und beinhaltet so gut wie immer ganz oder teilweise die Schwerpunkte fürs Marketing: In Ihren Werten und Ihrer Haltung stecken Ihre Pluspunkte!

Der größte Fehler, den Unternehmen machen, ist der Preiskampf: Immer noch billiger. Das mag vordergründig beruhigen, wenn die Auftragslage dadurch wieder ansteigt, aber unterm Strich bleibt nicht mehr viel übrig. Hinzu kommt, dass Sie, nur weil ein Konkurrent sie unterbietet, Ihr Produkt entwerten. Zufrieden ist anders! Langfristig kommen Sie so nicht auf einen grünen Zweig.

Das Hotel wird selbstverständlich analysieren: Wie schaut es bei uns aus? Haben wir Defizite, die wir ausgleichen müssen, können wir mit wenig Aufwand den Komfort anheben (»Auf den eigenen Ressourcen aufbauen«) oder geringfügig investieren? Wenn Sie direkt auf den Purpose schauen, sehen Sie Ihre Pluspunkte, an denen sie ansetzen können:

- Den echten Familienanschluss, das Kennenlernen und Kümmern, das bei uns nicht nur so dahingesagt ist, sondern unser P, das für *Passion* steht.
- Die Langfristigkeit, Verbundenheit und Treue als Sprungbrett für Veränderungen in der Selbstdarstellung, im offensiveren Marketing in diesen Punkten und in der Gästeansprache.

Das heißt: Sie finden immer konkrete Startpunkte für neue Ideen, für Leitplanken einer Veränderung und für das Kontrollieren einer Maßnahme in Ihrem Purpose!

3.5.2 Veränderungen anstoßen

Frischer Wind, neue Chancen und Innovationssprünge

Nun geht es ums Fühlerausstrecken und Ärmelhochkrempeln: Welche Art von Veränderungen wollen Sie anstoßen? Damit sind wir bei einem der bedeutsamsten Aspekte in Umbruchzeiten – unabhängig davon, ob es die Ära der digitalen Transformation ist, der Übergang der Firma auf eine neue Generation, eine Krise durch die Auftragslage oder ein unvorhergesehenes Ereignis (z. B. eine Pandemie, die die Wirtschaftsketten unterbricht). Sie müssen als Firma proaktiv sein, und das manchmal »von jetzt auf plötzlich«.

Wir reden hier nämlich nicht von kleinen Entscheidungen. **In unsicheren Zeiten müssen wir oft sehr schnell »etwas Gutes« aus dem Boden stampfen,**

- **weil das, was wir bisher gemacht haben, nicht mehr oder nur eingeschränkt geht.** Nicht immer merken Sie das sofort. Es kann sein, dass Ihr Geschäft gerade noch ganz gut läuft, aber am Horizont zeigt sich, dass gerade etwas anderes kommt, das mein Business berührt, möglicherweise beißt mir eine Marktentwicklung künftig ein ganzes Stück Umsatz ab. Es geht mitunter aber auch urplötzlich. 2020 und 2021 konnten Gastrobetriebe und Hotellerie infolge der Corona-Beschränkungen kaum öffnen und wenn, dann mit starken Einschränkungen. Industriebetriebe bekamen einige Zeit keine oder nur stark verzögert Ware aus Fernost.
- **weil wir in unsicheren Zeiten selbst dafür sorgen, dass sich für uns der Nebel lichtet.**
  Wenn niemand so genau weiß, was sein wird, wie wollen Sie dann sichere Veränderungen anstoßen? Sie haben nicht mehr – wie früher – verlässliche Konstanten und Erfahrungswerte, die zu 100 Prozent gelten. Erst recht nicht, wenn Sie auf ein Feld »transformieren«, auf dem Sie bisher nur wenig Erfahrung haben oder das für Ihre Zielgruppe noch fremd ist. Wie verschafft man sich Orientierung? Indem Sie Ihren Leuchtturm aktivieren, mit dem Sie Ihre eigenen Rahmenbedingungen setzen, die wiederum dafür sorgen, dass Ihre Veränderungen in diesem Kontext sicher und stimmig sind.

Gerade die Geschwindigkeit ist für die meisten jedoch ein Problem. Mal abgesehen davon, dass die bisherigen Prozesse zu lange dauern. Bis neue Produkte marktreif sind, müssen Sie die richtigen Entscheidungen treffen, und zwar so, dass es profitabel wird, Ihren Fokus darauf zu richten. Denn die schnellste Entscheidung nützt gar nichts, wenn Sie sich auf den Holzweg begeben oder dann in der Umsetzung nicht »zu Potte« kommen, weil Sie an zu vielen Baustellen gleichzeitig arbeiten. Oder Sie, wie das bei vielen Firmen ist, »eigentlich« gar keine Kapazitäten für etwas Neues haben (bzw. nicht das entsprechende Know-how).

Ein klarer Purpose

↓ ↓ ↓

bringt passgenaue Ideen	schafft Prioritäten	gestaltet Ihre Zukunft
Sie legen den Grundstein für einzigartige Produkte, die es so nur bei Ihnen gibt.	Sie wissen genau, worauf Sie Ihren Fokus legen wollen – und worauf nicht.	Sie sind der *Pilot Ihres Flugzeugs*. Sie fliegen dorthin, wo Sie möchten!

Vielleicht sagen Sie jetzt: »*Aber wir müssen doch auf den Markt reagieren! Wir können uns doch nicht, wie Pippi Langstrumpf, die Welt machen, wie sie uns gefällt!*« – Doch. Gerade das sollten Sie jetzt tun: Ihre eigene Businessrealität gestalten. Wenn Sie abwarten, was sich da draußen tut, oder spontan mit irgendwelchen »innovativen Ideen« loslegen, stochern Sie nur im Nebel herum.

Mit dem Purpose haben Sie buchstäblich Ihren Wegweiser.

Sie bekommen passgenaue, frische Ideen. Wer jetzt innovativ sein will, kann nicht darauf schielen, »was lief bisher?«, »was will der Kunde?«, »was bietet die Branche?«, »was wird erwartet?«, »was machen die anderen?«, »was sind Trends?« Einzigartigkeit ist Trumpf! Diese Unverwechselbarkeit brauchen Sie, damit Sie sich einen Namen machen bzw. ihn weiterhin stärken. Vor allem, damit die Auftragsbücher voll bleiben. Wer in der Masse austauschbarer Produkte untergeht, der steckt immer im Konkurrenzkampf. Mit Ihrem Purpose kommen Sie auf besondere Ideen, wie ich Ihnen an dem Beispiel einer Schreinerei unten näher zeige.

Sie schaffen klare Prioritäten. Zeit, Geld, Arbeitskraft und Fokus sind begrenzt. Es ist, wie gesagt, eine hervorragende Idee, mehrere kleine Projekte parallel zu starten (die Testboote, von denen Sie lernen), doch alle Einzelprojekte verbindet dennoch eine klare Linie. Wenn Sie nach dem Gießkannenprinzip zu viele neue Produkte oder Services umsetzen möchten, wird das weder Fisch noch Fleisch. Sie haben begrenzte Ressourcen, und diese können Sie nur dann zielgerichtet nutzen, wenn Sie Prioritäten setzen. Das ist wie im Privatleben: Der Tag hat 24 Stunden – welche Prioritäten setzen Sie?

Sie gestalten Ihre Zukunft. Alles, was Sie im Einklang mit dem Purpose entscheiden – auch wenn mal etwas nicht den Erfolg bringt, den Sie sich davon versprochen haben –, hält Sie auf dem Kurs, den Sie für Ihr Unternehmen eingeschlagen haben: Passion, Performance, Perspektive. Der Weitblick ist mit eingebaut, und doch sind Sie flexibel genug, sich innerhalb dieses Rahmens vielseitig zu bewegen. So können Sie jederzeit verschiedene Projektboote starten, weil es eben nicht willkürliche Versuche sind, sondern weil Sie sich innerhalb des Purpose – also Ihrer Werte, der Umsetzbarkeit und des langfristigen Ziels – bewegen.

Wie sieht das in der Praxis aus?
Eine Schreinerei in dritter Generation wurde frisch von der Tochter übernommen. Bisher war es eine alteingesessene Möbelschreinerei. Sie hat unter der Bedingung zugestimmt, dass sie der Firma vollkommen frischen Wind einhauchen darf. Der Purpose sieht so aus:

! **Unternehmens-Purpose einer Schreinerei**

Wir sind die Cocktail-Schreinerei: Wir nutzen, was unsere Kunden haben, mixen Material und Stile – überraschend und frech. Dabei ist uns besonders wichtig, dass wir uns austoben können: Wir brauchen künstlerische Freiheit: Darum fragen wir: »Was hast du und wofür brauchst du es?« Wir bewahren, überraschen, upcyclen, erfreuen.

Ideensammlung, die zum Purpose der Schreinerei passt

Sie sehen, wie wertvoll es ist, Ihren Purpose aussagekräftig zu benennen: Die Schreinerei steckt klipp und klar ab, in welchem Rahmen sie sich künftig bewegen möchte. Da fällt es natürlich sehr viel leichter, Ideen für Leistungen zu kreieren. Hier eine lockere Ideenauswahl, die zum Purpose der Schreinerei passt:

- Es gibt ja die IKEA-Hacks! Das können wir professionell anbieten. Wir zeigen, was man daraus machen kann, von der Funktionalität her (aus einem oder mehreren IKEA-Möbeln ein anderes bauen oder ein Möbel, das mehr »kann«). Oder: Ein billiges Teil aufmotzen oder vom Look sogar so veredeln, dass es teuer aussieht. Oder auf alt trimmen, so dass moderne Billigmöbel antik aussehen. Die Materialkosten sind günstig, so dass sich mehr Leute das Maßschreinern auch leisten können/wollen.
- Wir wollen alte Stücke, die unschön sind, kaputt oder an denen sich der Kunde sattgesehen hat, die ihm nicht mehr gefallen oder Erbstücke, die vom Stil nicht passend sind, »aufmöbeln« und weiterverkaufen.
- Patchwork: Wir kreieren aus mehreren Möbeln, die nicht mehr ins neue Haus oder in die Wohnung passen, ein neues Möbel. Das ist besonders schön für ältere Menschen, die aus ihrem Haus in eine kleine Wohnung ziehen müssen, aber gerne alles mitnehmen möchten. So erhalten wir wertvolle Erinnerungsstücke. Besonders gern integrieren wir persönliche kleine Erinnerungsstücke, also Bilder, Figuren, Schmuck, die sonst nur in der Schublade liegen, aber unsere Kunden gerne sehen möchten. Fest integriert oder ablösbar.
- Stichwort »Erinnerung«: Viele Menschen möchten Erinnerungen um sich haben, auch die eigene Geschichte. Eine riesige Zielgruppe sind junge Erwachsene, die aus der Studentenbude oder Single-Wohnung ausziehen und eine Familie gründen, aber Erinnerungen ihrer »wilden Jahre« bewahren möchten – besonders witzig: Beim Zusammenziehen lassen sich nie beide Hausstände mitnehmen oder die Geschmäcker scheinen unvereinbar. Wir verschmelzen z. B. zwei Schränke oder machen aus zwei Sesseln, die dem anderen nicht gefallen eine coole neue Sitzbank.
- Für Einzelhändler und Firmen können wir aus defekten Produkten, Mustern oder bei Familienfirmen Relikte aus der Frühzeit der Firma, »Signature-Möbel« für Büro oder Laden bauen.
- Vielleicht entsteht die Idee, ein Ladenlokal anzumieten und dort u. a. Möbel aus Holz und Metall zu verkaufen. Woraus machen wir das? Wir könnten Müll verwenden. Ja! Wir könnten aber auch jeden Monat einen lokalen »Sperrmüll-Termin« machen, zu dem uns Leute ihre Holzmöbel und alles, was aus Metall so bei ihnen herumsteht, vorbeibringen können. Oder wir holen es mit dem Lkw ab. Wir könnten den Schmied zwei Dörfer weiter ansprechen, ob er uns zum Beispiel alte Hufeisen verkauft oder sonstige Metallreste. Wir könnten ihn fragen, was er für Ideen hat, was seine Kunden brauchen könnten? Wir könnten Workshops für Jugendliche machen, die ihre Kinderzimmermöbel selbst aufmotzen möchten, anstatt alles neu zu machen, und dabei auch gleich den Umgang mit Werkzeug lernen, von der Wegwerfmentalität zum Wiederverwerten …

„Wenn ich Unterstützung brauche, heißt es: »Stell dich hinten an und eskaliere es an die Geschäftsführung, dann soll die das priorisieren!«

Führungskraft in einem Veränderungsprozess

Diese bunte Ideensammlung zeigt, wie die Schreinerei ausgehend von ihrem Purpose jede Menge besonderer Leistungen kreieren kann, die es genau so noch nicht gibt. Das muss nicht bedeuten, dass ein Produkt oder eine Leistung die allererste auf der ganzen Welt ist. So schön es ist, wenn Sie eine wahre, noch nie dagewesen Innovation auf den Markt bringen: Das ist extrem selten. Im Regelfall ist jedes Produkt bereits in zahllosen Varianten vorhanden, es gibt jede Menge Mitbewerber. Doch Ihr eigener Charakter verleiht dem Produkt eine Einzigartigkeit, die es so eben nicht gibt. Dazu gehört natürlich, dass Sie das, was Ihr Purpose verspricht, auch leben und der Service, die Kontaktpunkte (Touchpoints), mit Ihrer Zielgruppe damit im Einklang sind (→ Kap. 5).

Eine Idee jagt die andere, alles enthält einen besonderen Kern. Anschließend wird priorisiert: Was wollen wir jetzt unbedingt umsetzen, ergibt sich eventuell sogar eine besondere Produktlinie oder ein Schwerpunkt? Und mit dieser Perspektive schauen wir uns noch einmal die Ideen an.

Der Purpose gibt Ihnen Orientierung, Werkzeuge wie der **Effectuation-Ansatz** helfen Ihnen auf dem Weg zu neuen Leistungen. Doch die Basis für alle Veränderungen ist das persönliche Entscheidungsvermögen.

3.6 Eigenverantwortliches und agiles Handeln – Das Wollen und das Können

Darum geht es !

In der Selbstorganisation stecken Kerneigenschaften und Rahmenbedingungen, die es braucht, um agiler zu werden. Forderungen an die Führung, damit Mitarbeiterinnen und Mitarbeiter eigenverantwortlich handeln.

Der Purpose bringt die Menschen auf Kurs: Da es eben keineswegs nur um einzelne Ziele geht, die oft nach Zahlen gemessen werden, sondern mit den Mitarbeiterinnen und Mitarbeitern gemeinsam das Warum geklärt und definiert wird, wird die Veränderungsbereitschaft und -lust gesteigert! Die Menschen sperren sich nicht mehr, sie verharren nicht auf bekanntem Terrain aus Sorge vor möglichen Konsequenzen, sondern die Klarheit und Sinnhaftigkeit des Purpose schwört sie ein und erzeugt Verbundenheit. Der Raum für Selbstverantwortung wird größer, motiviert die Mitarbeiter und entlastet die Führungsebene. Das klingt doch vielversprechend, oder?

Bleiben wir aber realistisch:

Mit **Spiral Dynamics** und dem **Purpose** haben Sie alle Voraussetzungen für mehr Eigeninitiative und individuell verantwortliches Handeln Ihrer Mitarbeiterinnen und Mitarbeiter geschaffen. Die Richtung ist klar. Die Werte sind klar. Und da Sie – idealerweise – den Purpose gemeinsam mit Ihren Mitarbeitern formuliert haben, berührt er sie emotional. Darin liegt die Motivation, der Drive, etwas zu tun.

Was emotional berührt, schafft Engagement

Ein Purpose ist allerdings kein Zaubertrank, der alle Mitarbeiterinnen und Mitarbeiter zu Superhelden macht. Es gibt keinen Purpose, der alle im Unternehmen gleichermaßen berührt. Genau wie jede Firma Mitarbeiter hat, die besonders engagiert sind, und andere, die ihre Arbeit machen, ihre Aufgabe erfüllen, sich aber sonst zurückhalten.

Der Mensch will wirken. Es liegt in seiner Natur, einen Unterschied machen zu wollen. Zu spüren: Ich bin eben nicht einfach so ersetzbar. Es ist nicht egal, ob ich oder ein x-beliebiger anderer Angestellter hier ist, sondern *ich* bewirke etwas mit meiner Arbeit. Darum steckt die Lust zur Initiative in jedem Menschen. Ja, auch in den Mitarbeiterinnen und Mitarbeitern, von denen Sie das vielleicht gerade nicht glauben.

Wenn Sie die Ausgangslage schaffen, einen Handlungsrahmen zur Orientierung geben und Initiative zulassen, erreichen Sie, was gerade in KMU so wertvoll ist: Die Mitarbeiterinnen und Mitarbeiter handeln im Sinne der Firma, sie bringen sich noch mehr ein, sie blühen auf – und wachsen durchs Tun über sich hinaus. Ein Knotenpunkt dafür, dass es auf allen Ebenen vorangeht: Der Entwicklung des Unternehmens, einzelner Mitarbeiter und Innovationen.

Stellen Sie sich vor, es gibt viel weniger abzustimmen, weniger Diskussionen und Konflikte. Die Quintessenz agilen Tuns, das überlegte und wendige Agieren, gelingt, weil jeder weiß, wo es hingehen soll. Und weil die Bahn frei ist. Nun ist es das eine, sich mehr Engagement, Innovation und Veränderungsbereitschaft zu wünschen. Das andere ist es, die dafür nötigen Gegebenheiten zu schaffen. Denn auch hier kommen Veränderungen auf Ihr Unternehmen und die einzelnen Menschen zu.

Letztlich sind Sie – und Ihre Führungskräfte – die entscheidende Instanz bei der Frage, wie schnell und konsequent Ihr Unternehmen vorankommt. Die Führungskräfte sind idealerweise Ermöglicher und Katalysatoren. Allzu oft bremsen und blockieren sie jedoch. An dieser Stelle müssen wir erneut über das Können und Wollen reden, und zwar auf beiden Seiten:

- Will und kann die Führungskraft die Weiterentwicklung von Mitarbeitern möglich machen oder stellt sie derzeit eher ein Hindernis dar?
- Wie sieht der Status quo aus sowie meine Einschätzung als Führungskraft, was meine Mitarbeiter angeht? Hier können Selbst- und Fremdeinschätzung stark auseinanderklaffen.

3.6.1 Wie steht es um die Veränderungskompetenz der Führungskräfte?

Nur weil man weiß, dass etwas gut für die Firma wäre und sogar vorteilhaft für mich als Führungskraft, wenn ich mehr an meine Mitarbeiterinnen und Mitarbeiter delegiere und sie eigenständiger im Interesse des Familienunternehmens arbeiten, heißt das noch lange nicht, dass ich selbst schon soweit bin.

Impuls und Reflexionsübung

Selbst-Check für Ihre Veränderungskompetenz
Machen Sie einen spontanen Selbst-Check! Wie bereit bin ich, Veränderungen im Unternehmen zuzulassen? Einen guten Indikator für Ihre Veränderungsbereitschaft und -kompetenz bieten Ihre Antworten auf die folgenden sechs Schlüsselbausteine, die nötig sind, wenn Sie sich mit Ihrem Unternehmen Veränderungen stellen und sie agil meistern wollen.
Sie können den Selbst-Check auf mybook.haufe.de herunterladen.

! DIGITALE EXTRAS

Kreuzen Sie **alle** Antworten an, die Ihnen in Ihrer Führungsrolle derzeit am Nächsten kommen – auch wenn es mehr als zwei sind.

Delegieren **Aufgaben an Mitarbeiter abgeben**			
❒ Ich finde es begrüßenswert/wichtig, dass Mitarbeiter eigenständig agieren	❒ Ich will lieber selbst involviert sein/ein Auge drauf haben/Entscheidungen treffen	❒ Ich delegiere viel und finde auch, dass ich es gut kann, ggf. unterstützend begleite	❒ Ich kann nicht gut Dinge aus der Hand geben bzw. bin eher unklar und ungeduldig
wollen		können	

Lösungsorientierung **»Viele Wege führen nach Rom« oder »It's my way or the highway«?**			
❒ Ich bevorzuge, wenn Mitarbeiter Probleme selbst lösen oder Lösungsvorschläge haben.	❒ Ich habe klare Vorstellungen, wie die Dinge laufen sollen. Ich weiß, was richtig ist.	❒ Es gibt nie nur eine Lösung und Herangehensweise. Solange das Ergebnis stimmt …	❒ Probleme und Lösungen sind Chefsache. Ich trage die Gesamtverantwortung.
wollen		können	

Vielfalt begrüßen **Persönlichkeiten, Kompetenzen, Eigenschaften, Haltungen, Kulturen**			
❒ Ja, Unterschiede sind vorteilhaft, jeder hat etwas beizutragen. Es ergeben sich neue Sichtweisen und Synergien.	❒ Naja, es heißt nicht umsonst »viele Köche verderben den Brei« und »Schuster bleib bei deinen Leisten«.	❒ Ich frage gern nach anderen Meinungen und veranstalte, wo es sinnvoll ist, team- und abteilungsübergreifende Meetings.	❒ Es fällt mir eher schwer, offen zu sein. Es ist zudem zeitraubender und fördert den Diskussionsbedarf.
wollen		können	

Entscheidungsfreude **(Re-)Aktionsgeschwindigkeit erhöhen, Verantwortung tragen, kalkulierte Risiken eingehen**			
❒ Tue ich nichts oder zögere ich, wird die Entscheidung für mich getroffen. Darum entscheide ich gerne, aber überlegt.	❒ Ich tendiere dazu, intensiv abzuwägen: Abwarten oder intensive Recherche und Abstimmung? Vieles lässt sich absichern.	❒ Ich kann schnell abwägen und jederzeit eine Entscheidung treffen bzw. sie mittragen, damit etwas vorangeht.	❒ Je größer die Entscheidung, desto schwerer tue ich mich – besonders wenn die Entscheidung weitere Konsequenzen hat.
wollen		können	

Offenheit **Bewährtes abklopfen, erweitern und neue Wege gehen**			
❒ Klar will ich Bewährtes bewahren! Und: Weiterkommen geht nur, indem wir die Dinge hinterfragen und verbessern.	❒ Ich finde es gut, wenn Dinge, die laufen, weiterlaufen wie bisher. Gewohntes und Routinen haben ihre Vorteile!	❒ Ich verfolge begeistert neue Ideen, Vorschläge und Wege und wünsche mir, dass meine Mitarbeiter da noch aktiver werden.	❒ Ich setze auf das Praxiserprobte: Wir haben genug Erfahrung und etablierte Prozesse, die uns nutzen.
wollen		können	

Learning by doing Ausprobieren, Erfahrungen sammeln und nachjustieren			
❒ Ja, es ist absolut wünschenswert, ins Tun zu kommen: Zu schauen, was gut für uns ist und Manöverkritik zu üben, um voneinander zu lernen.	❒ Ganz ehrlich: Ausprobieren kostet Zeit, Arbeitszeit und oft genug Geld. Lieber vorher Hausaufgaben machen und das Kosten-Nutzen-Verhältnis analysieren.	❒ »Tun ist besser als ewig reden«, lautet meine Devise. Ich finde: Jeder von uns kann was, darum springen wir nie komplett ins kalte Wasser.	❒ Ich mag »Trial & Error« nicht und fühle mich damit auch nicht wohl. Ich bevorzuge Plan A und Plan B (oder C) – vorbereitet loslegen!
wollen		können	

Die Antworten in den jeweils linken Spalten zeigen Ihnen, dass Sie Ihr Wollen bzw. Können hoch einschätzen, die rechten, dass diese Einschätzung eher gering ausgeprägt ist. Wie sieht Ihre Bilanz zu Ihrer gesamten Veränderungsbereitschaft und -kompetenz derzeit aus? Nehmen Sie außerdem ganz bewusst jeden Schlüsselfaktor zur Kenntnis, denn hier stecken relevante Stellschrauben, an denen Sie sich persönlich und in Ihren Führungsaufgaben verbessern können.

Höchstwahrscheinlich hat sich bei dem einen oder anderen Statement ein **Wenn** oder ein **Aber** gemeldet: *»Ich würde eigentlich schon gerne mehr delegieren, aber … (meine Leute können es nicht / ich tu mich so verdammt schwer / es geht mir zu langsam / ich bin ein Kontrollfreak …)«*. Wenn das der Fall ist, ist das wunderbar. Denn natürlich hat kein Unternehmen die idealen Bedingungen, und genau darum geht es bei der Entwicklung. Wenn Sie solche inneren Überzeugungen, Vorbehalte oder Befürchtungen bemerken, können Sie sie thematisieren und – gemeinsam – daran arbeiten, dass sich das Unternehmen schrittweise in die richtige Richtung entwickelt. Sie kennen dann vor allem auch Ihre Stellschrauben und Baustellen, die Sie gezielt angehen können.

Und was ist, wenn Sie zwei oder drei Kreuze zu einem Schlüsselfaktor gemacht haben? Dann sollten Sie näher hinsehen und prüfen, wie Sie dazu stehen. Es ist völlig normal, dass Haltungen und Eigenschaften nicht eindimensional sind, sondern dass sich eine verschieden ausgeprägte Mischung von Können und Wollen zeigt. Picken Sie sich dann jeweils den Aspekt heraus, den Sie für sich als die wichtigere »Stellschraube« identifizieren.

Wie immer mein Tipp: Regen Sie die anderen Führungskräfte in Ihrer Firma an, sich anhand dieser Fragen selbst einzuschätzen. Ideal ist es, wenn Sie sich mit der gesamten Managementebene zusammensetzen und ehrlich darüber sprechen, wie Sie die abgefragten Aspekte – und ihre eigenen Hürden oder Defizite – ausgleichen können. Das bedeutet übrigens nicht, dass Sie alles *können* und *wollen* sollen. Weit gefehlt! Sie definieren für Ihr Familienunternehmen und für sich selbst, wie es sein soll.

3.6.2 Wie schätze ich den Status quo und das Potenzial meiner Mitarbeiter ein?

Zu Beginn des Kapitels ging es darum, wie Sie das Unternehmen aktiv weiterentwickeln. Außerdem haben Sie Möglichkeiten kennengelernt, wie Sie Ihre Mitarbeiterinnen und Mitarbeiter aktiver einbinden und deren individuelle Qualitäten – vor allem die gelben – stärker fördern können. Sie haben sich zudem selbst eingeschätzt und kennen Ihre Ambitionen, sich ganz persönlich aktiv zu einer höheren Entwicklungsstufe zu entwickeln.

Eine zentrale Führungsaufgabe ist das gezielte Weiterentwickeln der Mitarbeiterinnen und Mitarbeiter. Dazu gehört vor allem, die Einzelnen zu kennen und zu wissen, wo sie stehen. Selbst- und Fremdeinschätzung sind oft nicht deckungsgleich.

- **Als Chefin oder Chef kann ich nur dann mehr Freiheit und Verantwortung geben, wenn ich weiß, dass der jeweilige Mitarbeiter dem gewachsen ist.** Nun sind auch Führungskräfte nur Menschen, und so passiert es oft, dass Vorgesetzte einzelne Mitarbeiter nicht – oder einseitig – einschätzen, teilweise haben sie im Alltagsgeschäft zu wenig direkte Berührungspunkte oder die jetzt geforderten Qualitäten und Verhaltensweisen waren bisher nicht gefragt.
- **Gerade gute Mitarbeiterinnen und Mitarbeiter sind oft übervorsichtig und besonders selbstkritisch.** Das führt dazu, dass gerade diejenigen, die am meisten mitbringen, sich vor mehr Verantwortung scheuen, zu hohe Ansprüche an Perfektion oder »Allwissenheit« haben oder sich ständig bei der Führungskraft absichern wollen.
- **Andere neigen dazu, sich – oder die Sache, um die es geht – zu vereinfacht zu betrachten.** Sie sind (noch) nicht in der Lage, die Komplexität eines Sachverhalts und/oder die Details, die damit verbunden sind, zu erkennen. Eine Unter- oder Überschätzung würde zu unnötigen Versäumnissen und Fehlern führen, vor allem aber wären Misserfolge vorprogrammiert. Führung sollte immer vorausschauend agieren und die Mitarbeiterinnen und Mitarbeiter zu mehr Kompetenz begleiten, anstatt zuzusehen, wie sie scheitern.

Nur wenn in diesen Punkten auf beiden Seiten abgeglichen wird, was der Stand ist, ist genug Vertrauen und Kompetenz da.

Mehr Entscheidungs- und Handlungsfreiheit, mehr Eigeninitiative erfordert Ihre Unterstützung als Führungskraft. Sind Sie Inhaber des Unternehmens? Dann ist natürlich im Einzelfall der direkte Vorgesetzte gefragt, der seine Mitarbeiterinnen und Mitarbeiter besser kennt und täglich mit ihnen zu tun hat. Will ein Mitarbeiter ein Projekt, einen größeren Verantwortungsbereich oder eine neue Position übernehmen, dann konkretisieren Sie, welche Fähigkeiten und Verhaltensweisen damit verbunden sind. Die direkte Führungskraft – und auch der Mitarbeiter selbst – kann nach dem gleichen Prinzip und mithilfe der Checklisten, die Sie oben kennengelernt haben, seine Veränderungsbereitschaft und -kompetenz einschätzen:

Geringes Können und Wollen	Geringes Können, aber: hohes Wollen	Hohes Können, aber: geringes Wollen	Hohes Können und Wollen

Auf mybook.haufe.de habe ich für Sie eine Blanko-Checkliste vorbereitet, die Sie für die Analyse Ihrer Veränderungsbereitschaft und -kompetenz nutzen können. DIGITALE EXTRAS

So können Sie gezielt dort ansetzen, wo der Mitarbeiter vielleicht selbst noch zögert, obwohl er Ihrer Ansicht nach mehr als bereit ist, oder wo derzeit noch Selbstüberschätzung (bzw. Unsicherheit) herrscht. Das ist das Großartige an diesem simplen Modell: Die Einschätzung in hohes/geringes Wollen oder Können zeigt ganz genau auf, wo Sie ansetzen sollten. Es macht außerdem klar, wer schneller bereit ist bzw. wo Ressourcen vorhanden sind, zu denen noch kein Zugang besteht. Nicht jeder ist ad hoc für mehr Handlungsfreiheit bereit. Stattdessen stehen manchmal noch Bedenken im Vordergrund. Diese gilt es aufzugreifen, zu würdigen und zu besprechen.

Will ich das? Kann ich es auch?

Es ist eine gute Devise, sich diese zwei Fragen im Alltag immer wieder separat zu stellen. So können Sie jederzeit sofort ermitteln, was entgegensteht und was sein müsste. Das ist ein wesentlicher Teil eines **kontinuierlichen Verbesserungsprozesses**. Mit diesem Gedanken stehen wir bereits mit einem Bein im nächsten Kapitel, in dem es um Ihre Unternehmenskultur geht.

4 Gut zusammenarbeiten – Mitarbeiterführung und Unternehmenskultur

Sie haben Ihren Purpose definiert. Sie kennen die aktuellen Anforderungen, die an das Unternehmen gestellt werden. Sie wissen, wie es um die Veränderungsbereitschaft und -kompetenz Ihrer Mitarbeiterinnen und Mitarbeiter steht. Dadurch haben Sie ein hervorragendes Fundament. Jetzt geht es ums Tun.

Meinen Kunden vermittle ich von Anfang an:

Der Purpose geht Hand in Hand mit Werten, Haltung und Kommunikation. Wenn wir auf Augenhöhe mit den Mitarbeiterinnen und Mitarbeitern umgehen, wenn wir Wertschätzung leben, wenn wir Widerstände zulassen, wenn wir die vorhandenen Ressourcen der Mitarbeiter hervorholen und wenn wir Verbundenheit erzeugen, wird Ihr Unternehmen erfolgreicher. Nur der Purpose als Satz ist wirkungslos!

Es geht also um die Unternehmenskultur. Entscheidend ist das Etablieren wertschätzender Kommunikation, guter Zusammenarbeit und das Fördern einer Lern- und Fehlerkultur. Das sind die Schlüssel für agiles, eigenverantwortliches Handeln.

„Es braucht sinnstiftende Ziele, die für die Mitarbeiterinnen und Mitarbeiter Sinn ergeben – für ihre Weiterentwicklung – und die einzahlen auf die Unternehmensziele und dann rockt das Ganze … eigentlich sehr simpel.

Tilman Peschke

4.1 Das Miteinander – Wir ziehen am gleichen Strang!

Der Unternehmens-Purpose schwört ein: Wir haben etwas, auf das wir gemeinsam hinarbeiten. Etwas, das uns sinnvoll erscheint, uns motiviert. Doch der Mensch ist keine Maschine. Nur weil man etwas beschließt, selbst wenn es sich für alle richtig anfühlt, ist es nicht automatisch so, als hätte man auf einen Knopf gedrückt und alles ist anders. Ein Beschluss alleine, selbst wenn er von allen getragen wird, krempelt nicht »mal eben« alles um.

Grob skizziert liefen Projekte und Veränderungen in den meisten Unternehmen bisher so ab:

Top down – Von oben herab

↓

Erst wird geplant bis zur Finalisierung, dann wird Schritt für Schritt umgesetzt.

↓

Änderungen werden als Störung empfunden. »So war es doch nicht geplant!«

↓

Gibt es Gegenargumente oder Widerstand von Mitarbeitern, wird oft mit Druck und Kontrolle reagiert.

Dieses starre Verfolgen von Plänen war vor der digitalen Transformation die Regel und oftmals erfolgreich, die eigene Branche und die Welt waren überschaubar und konstant. Wer sein Unternehmen nun auf flexible Ziele umstellen und für den Sprint fit machen möchte (→ Kap. 3), der muss mit einem Kulturschock rechnen.

4.1.1 »Es wird sich einiges ändern!« – Den Kulturwandel gemeinsam gestalten

»Unternehmenskultur«, »Lernkultur«, »Fehlerkultur«, »Feedbackkultur«, »Kulturwandel« – Wenn wir nicht aufpassen, bleiben das leere Schlagwörter. Jeder redet davon, doch worum es genau geht und was das in Ihrem individuellen Unternehmen bedeutet, bleibt oft im Nebel. Also werden wir doch einmal konkret. Was meinen wir, wenn wir über »Kultur« im Unternehmen reden? Es geht um Lebensart: Wie verhalten wir uns? Wie treten wir für uns und andere ein? Wie gehen wir miteinander um? Es geht um:

- Haltung
- Betragen
- Wertvorstellungen
- Anstand
- Umgangsformen
- Handlungsregeln

Genau hier wird es kompliziert: Wir alle sind eigene Persönlichkeiten, darum stehen uns – abhängig von unserem individuellen Entwicklungsstadium – unterschiedliche Denk- und Verhaltensweisen zur Verfügung. Dazu kommen eingeübte Muster: Im Kollegenkreis ist ein Status quo etabliert – wie mit- und übereinander geredet wird, wie Meetings ablaufen, wie mit Vor- und Rückschlägen umgegangen wird, ob neue Ideen begrüßt werden usw. Diese Verhaltensmuster reduzieren Komplexität und beziehen sich auf unser Denken, Handeln und Fühlen. Sie schaffen dadurch eine Erleichterung für unser Gehirn: Wir denken gar nicht groß darüber nach, sondern machen einfach.

!

Hintergrund: Systemische und hypnosystemische Ansätze in Veränderungsprozessen

Um gemeinsam erfolgreich zu sein und Veränderungen zu meistern, sind meiner Erfahrung nach systemische Ansätze hilfreich, besonders hypnosystemische.

Der systemische Ansatz betont die Bedeutung der Interaktion von Menschen in einem System. Das System kann die Familie sein, aber eben auch ein Team, eine Abteilung oder ein ganzes Unternehmen. Das Verhalten eines jeden Einzelnen hat Auswirkungen auf das ganze System. Die Auswirkungen sind viel komplexer als in der linear-kausalen Denkweise (*»Ich drücke einen Knopf und dann weiß ich, was passiert«*). Der hypnosystemische Ansatz ergänzt die systemische Denkweise, integriert die Erkenntnisse der Gehirnforschung und stellt unsere individuellen Reaktionen in den Vordergrund. Die leitenden Fragen sind: Wie gehen wir mit Widerständen um? Wie können wir unsere Ressourcen aktivieren? Welche bewussten und unbewussten Emotionen entstehen in uns und wie gehen wir damit um?

Im Berufsalltag finden diese Vorgänge permanent statt. Wir reagieren auf Gespräche, E-Mails, Kolleginnen und Kollegen. Das erzeugt positive, neutrale und negative Gefühle in uns. Und eben auch Ambivalenzen: Wir sind hin- und hergerissen zwischen den Vor- und Nachteilen von organisatorischen Veränderungsprozessen. Wir sind unsicher gegenüber den aktuellen technischen Entwicklungen. Wir denken immer wieder über die optimale Zusammensetzung des neuen Teams nach. Diese Gedanken kosten unsere Aufmerksamkeit. Stark vereinfacht verstärkt der hypnosystemische Ansatz …

- unsere Ressourcen zu aktivieren (gerade in Situationen der Unsicherheit),
- unsere Fähigkeit, bisherige Lösungsversuche, »Muster des Gelingens«, in den Vordergrund zu stellen,
- die Kompetenz, mit unwillkürlichen Emotionen umzugehen,
- das Verständnis, Widerstände und Zweifel zu würdigen,
- wertschätzender mit unseren Ambivalenzen umzugehen,
- bewusster unsere Aufmerksamkeit zu fokussieren

und dies auch in Teams und Organisationen zu leben.

Die Grundlagen des hypnosystemischen Ansatzes wurden von Dr. Gunther Schmidt (Schmidt 2020) gelegt. Wertvoll ergänzt wurde der Ansatz von Vera Starker und Tilman Peschke in ihrem Buch »Hypnosystemische Perspektiven im Change Management« (Starker, Peschke 2017). Dafür untersuchten die beiden Autoren in einer Metastudie zehn Change-Management-Studien und kommen zu dem Fazit, dass die Erfolgswahrscheinlichkeit von Veränderungsprozessen im unteren prozentualen Bereich liegt. Eine ihrer Kernaussagen lautet: *»Nicht die neue Methode ist entscheidend, sondern vielmehr eine veränderte Haltung zu Management und Führung im Kontext der Steuerung sozialer Systeme. Daher könnte man den*

durch VUCA erforderlich gewordenen Veränderungsprozess als einen Management- und Führungsveränderungsprozess bezeichnen. Nicht primär die Mitarbeiter müssen lernen, mit Unsicherheit, Komplexität und Ambiguität umzugehen. Es sind die Manager und Führungskräfte, die eine neue Form von Selbststeuerung (Ambivalenz-Management) und Organisationssteuerung (Multivalenz-Management) entwickeln müssen.«
(Starker, Peschke 2017, S. 81)

Wenn es darum geht, einen für alle vorteilhaften Kulturwandel nicht nur zu beschließen – was alleine durch den Purpose-Prozess erfolgreich angestoßen ist –, sondern nun gemeinsam Nägel mit Köpfen zu machen, gilt es …

- negative Verhaltensmuster *(»Die von der Abteilung XY bringen doch eh nix!«)* zu erkennen und zu verändern, da sie meistens die Kooperation verhindern und neue Wege, die jetzt erforderlich sind, im Keim ersticken.
- günstige Muster aufzubauen und einzuüben (*»Die Kollegen von Abteilung XY arbeiten ganz anders als wir, das wird spannend …«*).

Das Gute: Werden Handlungen und die Kommunikation von allen Beteiligten als zieldienlich – sinnvoll – erlebt, wird die Veränderung von allen mitgetragen! Auf den folgenden Seiten erhalten Sie handfeste Anregungen von mir, was Sie in der Praxis dafür tun können.

Lassen Sie mich vorab noch etwas betonen, das vor lauter »VUCA-Welt«, »Agilität«, »digitale Transformation« manchmal in den Hintergrund gerät: Es geht weder darum, alles zu verändern, noch darum, das Bisherige auf die Müllkippe zu werfen.

Mit dem Purpose-Prozess sind bereits die Segel gesetzt. Nachdem Sie allen das Spiral-Dynamics-Modell nahegebracht haben und die Notwendigkeit, sich in der aktuellen Phase zu verändern, vermittelt haben, ist es besonders wichtig, dass alle das bisher Geleistete wertschätzen. Was und wie Sie bisher agiert haben, war bis hierher eine wertvolle Lösung. Es geht nicht darum, das, was war, irgendwie abzuwerten. Ganz im Gegenteil! Die Zeiten haben sich verändert und damit die Anforderungen. Jetzt können Sie auf dem aufbauen, was Sie alle miteinander geleistet haben: Zusammen abklopfen, was sich bewährt hat und beibehalten werden soll. Aber auch gemeinsam die nächste Entwicklungsphase zu ermöglichen.

4.1.2 Fünf Bedingungen für Kooperation – Das SCARF-Modell

Um zu verstehen, was bei Veränderungen und guter Zusammenarbeit besonders wichtig ist, finde ich das **SCARF-Modell** von David Rock (Rock 2008) sehr hilfreich. Rock hat über mehrere Jahre die weltweit führenden Neurowissenschaftler zu den aktuellen Erkenntnissen in ihren Forschungsgebieten befragt. Als Ergebnis hat er **fünf elemen-**

tare Grundbedürfnisse des Menschen identifiziert. Werden diese Grundbedürfnisse erfüllt, können wir kooperativ und vertrauensvoll miteinander arbeiten. Das ist die Grundlage zu hoher Leistungsbereitschaft, Ausgeglichenheit und Lernwille. Diese fünf Merkmale hat er in dem englischen Akronym »SCARF« zusammengefasst:

- **S**tatus
- **C**ertainty (Sicherheit)
- **A**utonomy (Autonomie)
- **R**elatedness (Verbundenheit)
- **F**airness

Bevor wir uns die Interpretation der einzelnen Punkte anschauen, lassen Sie uns kurz einen Blick auf die neurobiologischen Hintergründe des Modells werfen.

Das menschliche Gehirn verarbeitet neue Informationen in einer extrem hohen Geschwindigkeit. Diese Prozesse laufen weitgehend unbewusst ab. Immerhin muss das Gehirn unser Leben sichern. Würden wir erst lange analysieren und überlegen, hätten unsere Vorfahren viele Gefahren nicht überlebt.

Belohnung vs. Bedrohung

Neu eintreffende Informationen werden in Sekundenbruchteilen als eine Bedrohung oder Belohnung bewertet. Wie in Kapitel 2 beschrieben, schaltet bei **Bedrohung** unser Gehirn auf tiefverwurzelte – archaische – Verhaltensmuster wie Flucht, Angriff oder Totstellen um. Fast immer, wenn es um Veränderung im Unternehmen geht, greifen diese automatischen Abläufe: »Betrifft es mich? Was passiert mit meiner Abteilung? Geht meine Chefin?« In einem solchen Zustand sind eine vertrauensvolle Zusammenarbeit und Lernen nicht möglich. **Belohnungen** führen zu einem gegenteiligen Effekt, sie steigern die Bereitschaft zu Kooperation und Lernen.

»Wenn du keine Luft mehr zum Atmen hast,
wie willst du da gut zusammenarbeiten?«
Führungskraft in einem Veränderungsprozess

»Hin zu« vs. »weg von«

Ein positives Erleben löst eine **Hin-zu**-Reaktion aus. Ich erlebe positive Energie, mein Gehirn schüttet Neurotransmitter und Enzyme aus, ich möchte mehr davon. Ich fühle mich verbunden mit meinem Team, wertgeschätzt, habe ein Gefühl von Sicherheit und weiß, dass ich eigene Entscheidungen treffen kann, die selbst, wenn sie falsch sind, nicht zu einer Abwertung meiner Person führen, sondern als wertvolles Feedback gesehen werden.

Sind die fünf sozialen Bedingungen nicht gegeben, entsteht eine **Weg-von**-Reaktion. Ich ziehe mich zurück, gehe in den passiven oder sogar aktiven Widerstand und boykottiere die geplanten Veränderungen. Unser Gehirn entscheidet, ob wir uns positiv gegenüber einer Veränderung verhalten oder die Veränderung als Bedrohung wahrnehmen.

Empfinden wir in einem oder mehreren SCARF-Aspekten – unserer Grundbedürfnisse – Defizite, nehmen wir das als Bedrohung oder Gefahr wahr. Bewerten wir diese Punkte als positiv, empfinden wir das als Wertschätzung und Belohnung. Nur in diesem Zustand sind Lernen und Kooperationsbereitschaft möglich und nur dann sind wir offen und zugänglich für Veränderungen.

Die fünf SCARF-Aspekte

Lassen Sie uns die fünf Faktoren, die unser Belohnungs- oder Bedrohungssystem besonders stark aktivieren, jetzt näher betrachten.

a) Status

Status beschreibt die Stellung zu anderen Personen. Der wichtigste Einflussfaktor für den Status ist das Würdigen von Leistung, das Anerkennen von Kompetenz. Die zentrale Frage ist: »*Wie stehe ich in meiner Stellung zu meinen Kolleginnen und Kollegen?*« Fühle ich mich in einer überlegenen Position, wird mein Belohnungssystem im Gehirn stimuliert. Ein Statusverlust hingegen wird als Niederlage gesehen und löst eine Weg-von-Reaktion aus. Passivität, innerliche Kündigung oder Wut und Angriff (»*Das bringt doch gar nichts!*«) sind typische Reaktionen.

Für die digitale Transformation ist dieser Aspekt von sehr großer Bedeutung. Selbstorganisation und New Work sind verbunden mit einer Reduzierung von Führungspositionen. Statusveränderungen sind vorprogrammiert. Alleine die Veränderung der Arbeitsplatzorganisation hat einen massiven Einfluss auf den Status. Der Trend vom Einzelbüro zum Großraumbüro sorgt zum Beispiel für eine deutliche Statusveränderung.

Wie gehen Sie damit um? Wie fast in allen Aspekten ist die offene und transparente Kommunikation entscheidend, auch dürfen keine Gruppen bevorzugt werden und die Begründungen müssen nachvollziehbar sein, dann sind auch härtere Einschnitte verständlich. Wenn die Geschäftsführung die Veränderungen vorantreibt, aber dann selber in großen Einzelbüros bleibt, wird der Veränderungsprozess unglaubwürdig.

b) Certainty – Sicherheit

Sicherheit bedeutet, dass Abläufe eine gewisse Stabilität und Vorhersagbarkeit haben. Ein Bedürfnis, das bei den meisten Menschen vorhanden ist. Der Hintergrund: Alles Bekannte und bereits Gelernte entlastet unser Gehirn. Wenn Sie eine bekannte Strecke mit dem Auto fahren, ist eine Unterhaltung überhaupt kein Problem, fahren Sie jedoch auf einer unbekannten Landstraße, ist das anders. Kommt dann noch Nebel hinzu, kann es sogar sein, dass Sie das Radio ausschalten, um sich besser auf den Straßenverkehr zu konzentrieren.

David Rock (2008) hat diesen Wunsch nach Sicherheit mit der Aussage »Change is pain« treffend formuliert: Veränderung ist Schmerz. Sicherheit im beruflichen Kontext bedeutet: Mitarbeiter informieren, sie auf dem Laufenden halten und auch über unerwartete Ereignisse informieren. Im Zweifel lieber zu viel als zu wenig. Bei schnellen Veränderungen ist das mitunter ein schwieriges Unterfangen. Doch selbst dann ist es immer noch besser, die Mitarbeiterinnen und Mitarbeiter darüber zu informieren, dass man selber noch nichts Neues weiß, als zu schweigen. Transparenz ist der Schlüssel für eine gefühlte Sicherheit. Ballast bei Veränderungsprozessen sind oft die bisherigen negativen Erfahrungen: *»Das hat letztes Mal nicht geklappt, warum soll es diesmal funktionieren?«* In dieser Situation die Belegschaft mitzunehmen, ist eine der Kernaufgaben für die Führungsmannschaft.

c) Autonomy – Autonomie

Autonomie bedeutet Selbstorganisation, ein Kernelement der agilen Arbeit. Ich kann entscheiden, wie ich arbeite, und habe einen großen Entscheidungsspielraum. Hier greift auch die Selbstwirksamkeit: Ich kann selbst entscheiden und erhalte Feedback zu meiner Arbeit. Im positiven Fall führt das zu einer großen Motivation. Das Gegenteil ist dieses Gefühl von *»Ich weiß gar nicht, was ich heute im Büro gemacht habe, ein Meeting nach dem anderen, immer wollte wer was, ich war nur am Abarbeiten«*. In einer solchen Arbeitssituation ist kaum Autonomie spürbar, man ist das berühmte Zahnrad in einer großen Maschine und bekommt kaum Feedback. Neurowissenschaftlich wird Fremdbestimmtheit, der Verlust von Kontrolle als Bedrohung wahrgenommen. Hier haben mittelständische Familienunternehmen oft den Vorteil, dass die Mitarbeiterinnen und Mitarbeiter noch wissen, welchen Teil sie zum Erfolg beitragen.

d) Relatedness – Verbundenheit

Zugehörigkeit zu einer Gruppe gehört zu den Grundbedürfnissen der Menschen. Wird es verletzt, empfinden wir das als Bedrohung. Im Gehirn werden die gleichen neuronalen Netzwerke aktiviert wie bei körperlichen Schmerzen. Vielleicht liegt das an unserer evolutionsgeschichtlichen Prägung: Wenn wir vor 3.000 Jahren von unserem Clan ausgeschlossen wurden, kam dies einem Todesurteil gleich.

Positiv verbinden wir mit einer Gruppe ein Gefühl von Vertrauen und Kooperation. Gehen wir auf eine Feier, orientieren wir uns an den Menschen, die wir kennen. Kennen wir niemanden, löst das ein eher unangenehmes Gefühl aus. Die Verbundenheit ist ein Schlüsselfaktor für eine erfolgreiche Veränderung. Nur wenn ein Wir-Gefühl existiert, gebündelt durch einen kraftvollen Purpose, gibt es die Energie für Veränderung. Dann kann die Gruppe auch viel mehr erreichen als eine Truppe aus Einzelkämpfern. Das sehen Sie gut im Sport, wenn das Außenseiterteam den Favoriten schlägt, weil sie ein gemeinsames Ziel haben und füreinander kämpfen.

»Je stärker der Purpose ist und Verbundenheit erzeugt, desto besser gelingt es, die Widersprüche bei Veränderungen aufzulösen.«
Tilman Peschke, Peschke Akademie

e) Fairness
Wir kennen alle dieses Gefühl, unfair behandelt zu werden. Denken Sie etwa an die Streitereien zwischen kleinen Geschwistern: *»Wie viel hat Toni bekommen? Warum bekommt er mehr?« »Aber Katja's Stück ist doch viel größer?«* Bei Erwachsenen ändert sich da nicht viel, es wird nur nicht mehr so offen angesprochen. Doch die verletzten Gefühle bleiben. Mangelnde Fairness löst im limbischen System starke negative Emotionen aus. Geschieht dies über einen längeren Zeitraum, erhöht sich der Cortisolspiegel, das Stressempfinden steigt. Wir werden reizbarer und irgendwann »reicht es dann mal!«.

Wichtig !

Jeder Mensch reagiert anders auf diese fünf Bedürfnisse. Was für den einen wie eine Bedrohung wirkt, mag für Sie harmlos sein. Oder umgekehrt. Doch alle Aspekte beeinflussen unser Verhalten, bewusst und unbewusst. Die Corona-Krise hat das sehr deutlich gezeigt. Hier wurden Sicherheit, Autonomie, Verbundenheit und Fairness beeinträchtigt – durch die wirtschaftlichen Folgen bei vielen auch der Status. Keiner wusste im Frühjahr 2020, wie lange die Krise anhält, und selbst im Winter 2020 war immer wieder das große Thema: *Wie lange dauert der Lockdown? Wann geht es normal weiter?* Die Sehnsucht nach Klarheit und Stabilität war unendlich groß.
Die Autonomie und die Verbundenheit wurden durch die Lockdown-Maßnahmen deutlich eingeschränkt. Ein Beispiel für mangelnde Fairness war die kurzzeitige Diskussion zum Plan des Innenministeriums, für jeden Beamten auf Dienstreise den Nachbarplatz im Zug mitzubuchen, um so die Gefahr einer Ansteckung zu reduzieren. Und das, obwohl doch immer wieder betont wurde, dass Zugfahren bei Einhaltung der Schutzmaßnahmen kein Ansteckungsrisiko darstellt. Ein Aufschrei ging durch die Medien und durch das Internet. Nachdem auch dem Innenministerium klar wurde, dass hier Bürger unterschiedlich – also unfair – behandelt werden, wurde der Vorschlag innerhalb von drei Tagen wieder zurückgenommen.

Ich denke es wird deutlich verständlich, warum Mitarbeiter in bestimmten Situationen mit Abwehr, Zynismus oder eben gar nicht reagieren. Für mich ist das SCARF-Modell so wertvoll, weil es sichtbar macht, wie digitale Transformation erfolgreich, gehirngerecht und damit menschenfreundlich gestaltet werden kann. Berücksichtigen Sie die Aspekte des SCARF-Modells, schaffen Sie ein Klima von Vertrauen, Kooperation und persönlicher Wertschätzung.

Auf mybook.haufe.de können Sie eine Checkliste zum SCARF-Modell herunterladen. DIGITALE EXTRAS

4.1.3 Alles Gute kommt von oben? – Die Führungsebene als Motor

Das Hartman-Werte-Profil liefert eine klare Übersicht, wie komplex die Anforderungen – und Fragen – sind, die von außen auf die Führungskräfte zukommen. Dieser Zusammenhang wird in dem Hartman-Werte-Profil dargestellt:

	Der Blick nach innen (→ Kap. 2)	**Die Sicht nach außen (→ Kap. 5)**
Menschliche Wertedimension: **Herz** intrinsisch Wie ich mich sehe und wie ich mich mit anderen verbinde.	*Wer bin ich?* **Eigene Bedürfnisse**	*Wer ist um mich herum?* **Empathie** • Kenne ich die Ressourcen meiner Mitarbeiter? Weiß ich, wie es ihnen geht? • Kann ich mich in meine Mitarbeiter hineinversetzen? Kenne ich ihre Ansichten? Weiß ich, was sie motiviert? Kann ich ihre Ambivalenzen einschätzen? Kann ich ihre Gefühle nachvollziehen oder bin ich davon irritiert? • Fühle ich mich mit den Mitarbeitern verbunden?
Praktische Wertedimension: **Hand** extrinsisch Das Materielle: Zahlen, Daten, Fakten	*Was bin ich?* **Rollenklarheit/ Erfolgsorientierung und Status**	*Was ist um mich herum?* *Was ist zu tun?* **Praktisches Denken** • Ist mir klar, was die wichtigsten Themen in meinem Unternehmen sind? Was die wichtigsten Aufgaben? Haben wir uns mit möglichen Auswirkungen von äußeren Anforderungen auseinandergesetzt? • Kennen wir die Bedürfnisse unserer Kunden? • Stimmen die Prozesse? Sind wir richtig aufgestellt? Setzen wir die richtigen Prioritäten? Sind wir effizient?
Grundsätzliche Wertedimension: **Hirn** systemisch Das Sinnstiftende: meine Ziele und Visionen	*Wofür bin ich auf der Welt?* **Persönliche Zielorientierung**	*Wofür ist das um mich herum?* **Strukturiertes Denken** • Sind wir auf die digitale Transformation vorbereitet? Wohin entwickelt sich unsere Branche? • Welche Kultur dominiert in unserer Organisation? Welche Entwicklungsstufe von Spiral Dynamics ist bei uns dominant? Wohin wollen/müssen wir uns entwickeln? • Habe ich neben dem Tagesgeschäft Zeit für die strategische Ausrichtung?

Tab. 5: Das Hartman-Werte-Profil (Quelle: Eigene Darstellung in Anlehnung an Hartman (2013))

Erneut geht es um eine Balance aller drei Wertedimensionen. Allzu oft liegt bisher der Fokus noch auf der praktischen Dimension (Ergebnisse) und der grundsätzlichen Dimension (Strategie). Das ist meistens verbunden mit einer Haltung, die das Denken in Output und Zahlen fördert. Allein die menschliche Dimension gleichwertig zu integrieren, ist ein großer Schritt nach vorne! Es sind darum in erster Linie die Führungskräfte gefragt, einen Kulturwandel zu ermöglichen, ihn zumindest nicht zu bremsen. Es gibt drei Prinzipien für das Integrieren der menschlichen Ebene.

Führungsprinzip 1: Es ist okay, etwas nicht zu wissen oder hin- und hergerissen zu sein.

Teilweise herrscht noch immer das Selbstverständnis, dass der Chef oder die Chefin alles besser wissen oder können sollte. Doch das ist nicht mehr realistisch! Sie sind authentisch und gewinnen Vertrauen, wenn Sie …

- **nachfragen, Lücken zugeben und sich informieren.** *(»Wer weiß/hat einen Vorschlag zu …?«, »Über xy weiß ich nicht genug …«, »Danke, das wusste ich nicht, was würde passieren, wenn …?«, »Da muss ich mich erst schlau machen.«)*
- **über die eigene Unsicherheit sprechen.** *(»Ich weiß auch nicht, welche technische Lösung am besten ist, aber wenn wir das Wissen, das in der Firma steckt, zusammenführen, dann finden wir eine gute Lösung.«)*
- **eigene Ambivalenzen thematisieren.** *(»Eine Seite von mir ist dafür, das Rechenzentrum beizubehalten, aber die andere Seite sagt mir, wir sollten alles in die Cloud legen«, »Ja, logisch betrachtet spricht alles dafür, diesen Geschäftszweig auszubauen, aber ehrlich gesagt habe ich Bauchweh bei dem Gedanken, weil …«).* Gerade der Umgang mit der eigenen Ambivalenz ist zentral für den Aufbau von Vertrauen, Nähe und Sicherheit innerhalb der Organisation. Die Zeiten von »Ich als Chefin weiß, wie es geht / Ich weiß genau, wohin« sind vorbei.

Führungsprinzip 2: Es ist gut, Fehler zugeben zu können und eine Meinung ändern zu dürfen.

Know-how, Standpunkte, Erfahrungen – das ist nichts Statisches. Wir bekommen beruflich und privat ständig Input. Unser Hirn verarbeitet alles, setzt es in einen Kontext und zieht seine Schlüsse. Manchmal übersieht oder vergisst es etwas. Manchmal trifft es auf der vorhandenen Daten- und Erfahrungsbasis durchaus gute Entscheidungen, wusste aber etwas Bestimmtes noch nicht oder konnte es nicht kommen sehen. Und manchmal vertut es sich, weil es denkt, eine ähnliche Situation kann eins zu eins gelöst werden wie eine frühere.

> *»Die Angst, etwas falsch zu machen, ist sehr groß. Darum sind die Prozesse oft mühsam, weil keiner wirklich Verantwortung übernehmen will.«*
> Führungskraft in einem Veränderungsprozess

»Wichtig ist der gute Dialog im Team, wenn einem etwas auffällt, dass wir gemeinsam schnell reagieren und offen Fehler und Potenziale freilegen.«
Julian Lechner, Gründer Kaffeeform

Jeder Mensch macht Fehler. Das ist eine Tatsache. Darum ist es so wichtig, eine gesunde Fehlerkultur zu schaffen. Die Basis dafür:

- **»Der denkende Mensch ändert seine Meinung.«** Diese Einsicht von Nietzsche bietet Ihnen – und Ihren Mitarbeitern – eine äußert souveräne Grundhaltung.
- **Wer mit Fehlern in die Offensive geht, sich – wenn es angesagt ist – dafür entschuldigt, macht vor, wie Eigenverantwortung geht.** Ihre Mitarbeiterinnen und Mitarbeiter werden Sie dafür respektieren, und es nimmt Ihnen den Druck, dass Entscheidungen immer perfekt sein müssen. Denn es ist häufig der Perfektionismus, der Führungskräfte zu lange zögern oder auf Bewährtes setzen lässt, wo ein neuer Weg nötig wäre.

Welche Wirkung es hat, einen Fehler zuzugeben, haben wir im Januar 2021 erlebt. In mehreren Medien sagte Thüringens Ministerpräsident Bodo Ramelow über seine Corona-Politik: »Ich habe mich von Hoffnung leiten lassen, was sich jetzt als bitterer Fehler zeigt [...] die Kanzlerin hatte Recht.« Im bayerischen Rundfunk gab es sogar einen eigenen Bericht mit dem Tenor »Noch nie hat ein Ministerpräsident so offen einen Fehler zugegeben« und die Süddeutsche Zeitung (2021) kommentierte »Corona: Ramelows Fehler ist gut für die Debattenkultur« und weiter: »Der Linken-Politiker zeigt mit seinem höchst ungewöhnlichen Eingeständnis einen Weg aus der Konfrontation auf, heraus aus einem Wettstreit der Rechthaber, den niemand braucht und der schon einigen Schaden angerichtet hat [...]. Es geht um die Suche nach dem richtigen Weg in einer schwer berechenbaren Lage, die sich ständig verändert. Seine Bereitschaft, die eigene Position zu prüfen und Fehler einzugestehen, sollte beispielgebend sein.« Ich glaube, so offen mit Fehlern umzugehen, kann uns bei der digitalen Transformation nur helfen.

Führungsprinzip 3: Es ist wichtig, sich immer wieder zu hinterfragen.
Eine gute Führungskraft schaut kontinuierlich kritisch, aber konstruktiv auf sich selbst. Wenn ich sage »sich hinterfragen« meine ich nicht, »alles infrage zu stellen«, sondern es geht ums Reflektieren. Das betrifft die Manöverkritik im Alltag *(»Läuft es wirklich rund?«)* ebenso wie die komplexeren Fragen, die ich Ihnen oben mit dem Hartman-Werte-Profil vorgestellt habe.

Hier einige Anregungen zum Reflektieren:

- Bin ich stolz, in unserem Familienunternehmen zu arbeiten? Oder mache ich es nur, weil ich mich gegenüber der Familie verpflichtet fühle?
- Würde ich die Führungsaufgabe auch haben, wenn ich nicht Mitglied der Familie wäre?

- Wie würde ich mein Führungsverhalten beschreiben?
- Hat sich mein Führungsverhalten verändert?
- Spüre ich Energie/Motivation in meinem Team? Hat sich das in den letzten Monaten verändert?
- Wie ist mein Energielevel?
- Nehme ich mir Zeit, mit meinen Mitarbeitern zu sprechen?
- Lasse ich mir von meinen Mitarbeitern Feedback geben? Offen oder anonym?
- Was waren positive Erlebnisse mit meinen Mitarbeitern? Habe ich diese Erfahrung mit ihnen geteilt?
- Spreche ich mit meinen Mitarbeitern auf der Meta-Ebene (Gespräche über unsere Kommunikation)? Machen wir das regelmäßig?
- Ist die Kommunikation im Team eher lösungsorientiert oder eher kritisch »beklagend«?
- Ist bei uns im Team der Unternehmens-Purpose lebendig? Haben wir einen eigenen Team-Purpose?
- Teile ich mit meinen Mitarbeitern meine Ambivalenzen?
- Kann ich Fehler zugeben?
- Wie gut kann ich zuhören?
- Wie gehe ich damit um, wenn ich mir einmal nicht ganz sicher bin?
- Bin ich eher zurückhaltend, zweifelnd oder offensiv, zuversichtlich, wenn von mir gefordert wird, spontan zu handeln?
- Probiere ich gerne etwas aus und schaue, was passiert, oder sichere ich lieber ab, was geht und taste mich konservativer voran?

Wenn Sie sich solche Fragen stellen, dann lernen Sie sich in Ihrer Rolle als Führungskraft besser kennen. Das ist eine wichtige Voraussetzung, um bewusst zu entscheiden. Vor allem aber auch, um zu wissen, was Sie brauchen, um ein besseres Gefühl zu bekommen und sich kontinuierlich weiterzuentwickeln.

Fazit !

Menschliche Führung, die Nähe sucht, die Ambivalenzen und Unsicherheit zulässt, schafft Vertrauen und Glaubwürdigkeit. Vor allem aber leben Sie mit diesen drei Führungsprinzipien vor, dass ein frischer, offener Wind im Unternehmen weht, bei dem jeder einzelne Mensch gefragt ist. Das ist die Basis, um sich gemeinsam weiterzuentwickeln.

„Wir haben überwiegend positive Erfahrungen gemacht mit selbstorganisierten Teams. Es ist fantastisch zu sehen, wie du mit weniger Management größere Räder bewegen kannst.

Gunther Wobser

4.2 Die Säulen einer gemeinsamen Lern- und Fehlerkultur

Es gibt nicht »das Unternehmen«. Jede Firma besteht aus einer Gruppe von unterschiedlichen Menschen, die zusammenarbeiten. Und weil wir alle dieselben Grundbedürfnisse haben, ist eine gesunde Lern- und Fehlerkultur keine Wissenschaft. Sie besteht aus folgenden Säulen: Verbundenheit, Vielfalt und Verantwortung.

»Man gibt zu viel vor, als die Mitarbeiter zu fragen – es wirkt aufgesetzt.«
Führungskraft in einem Veränderungsprozess

Wie Sie diese Säulen jeweils mit Leben füllen und wo Sie in Ihrer Firma aktuell die dringendsten Baustellen sehen, bestimmen Sie. Denken Sie bitte daran, dass jede Entwicklung ein Prozess ist. Das bedeutet, dass selbst die kleinsten Stellschrauben, an denen Sie drehen, eine Wirkung in Gang setzen. Es bedeutet aber auch, dass wir Menschen nicht von heute auf morgen aus unserer Haut können. Doch Sie wissen ja: Ambivalenz ist völlig normal, Veränderungen brauchen ihre Zeit – doch genau in diesen Prozessen steckt das Wachstum!

4.2.1 Verbundenheit herstellen

In dem Moment, in dem Sie gemeinsam mit Ihren Mitarbeiterinnen und Mitarbeitern den Purpose-Prozess anstoßen, stehen die Zeichen deutlich stärker auf dem **Miteinander**. Das ist viel mehr als ein »Wir verstehen uns gut« oder »Wir arbeiten schon jahrelang wie ein eingespieltes Team zusammen«. Jetzt gilt es, die gesamte Belegschaft mitzunehmen, mit dem erklärten Ziel, die Verbundenheit zu intensivieren. Gelingt das nicht, gibt es oft eine Verbundenheit *gegen* die Veränderung oder es entsteht eine soziale Dynamik, in der jeder seine eigenen Ziele durchsetzen will.

Verbundenheit herstellen !

- Die Metabrille aufsetzen: Wie kommunizieren wir?
- Wissen teilen und hilfsbereit sein
- Konflikte und Spannungen offen miteinander angehen

a) Die Metabrille aufsetzen: Wie kommunizieren wir?
Eine gute Zusammenarbeit hängt immer an der Kommunikation: Ist sie freundlich, respektvoll, klar? Ist sie problem- oder lösungsorientiert? Gerade weil die Situation in jeder Firma verschieden ist, ist es eine gute Idee, zuerst einmal den Ist-Zustand zu beschreiben. Bereits das sensibilisiert alle dafür, wie wichtig das Miteinander ist, und zeigt auf, was bereits sehr gut läuft oder noch eine Baustelle darstellt.

Hilfreiche Fragen:

- Wie empfinden wir unsere Kommunikation? Förderlich? Wertschätzend?
- Wie wirkt die Kommunikation auf mich? Wie nehme ich sie wahr?
- Welche Art der Kommunikation würden wir uns mehr wünschen? Was brauche ich?
- Haben wir ein gemeinsames Verständnis, welche Art der Kommunikation der angestrebten Entwicklungsstufe (Farbe) von Spiral Dynamics entspricht?

Sie können innerhalb von Abteilungen Gespräche über die Kommunikation führen. Doch Sie sehen an den Fragen, dass es bereits sehr viel bringt, wenn Sie sich als Firmen- oder Abteilungsleitung, also auf Führungsebene damit auseinandersetzen.

! **Wichtig: Die Kommunikation zwischen den Abteilungen**

Oftmals gibt es zwischen Abteilungen gewisse Animositäten – manchmal anlassbezogen, etwa wenn aufgrund von Datenschutz bestimmte Vorgaben »aufgedrückt« werden, das Controlling auf bestimmten Vorgehensweisen pocht oder der Vertrieb den Kunden etwas verspricht, was die Produktion unter Druck setzt.
Es ist ganz natürlich, dass dann schon mal Kommentare fallen, wie »*Die in [Abteilung] taugen nichts!*« oder »*XY ist ein Quertreiber*«. Als Führungskraft müssen Sie hier sofort regelnd eingreifen – und sich gegebenenfalls an die eigene Nase fassen. Wenn es Schule macht, auf andere zu schimpfen, treibt das einen Keil zwischen die Abteilungen. Darum achten Sie, wenn wir über »Verbundenheit« sprechen, bitte auch auf den Status quo: Gibt es aktuell eine gestörte Beziehung zwischen den Abteilungen oder zwischen Abteilungsleitern? Letzteres zeigt sich in Besprechungen überdeutlich, wenn abwertende Bemerkungen Mitarbeiter vor den Kopf stoßen oder Anliegen bestimmter Abteilungen aus Prinzip abgelehnt werden.

b) Wissen teilen und hilfsbereit sein

Wächst ein Unternehmen, wird der Firmenleitung irgendwann bewusst, wie viel Know-how in den Köpfen der Mitarbeiterinnen und Mitarbeiter steckt. Irgendwann kommt jede Firma an den Punkt, an dem sie merkt: »*Oha, wir brauchen eigentlich ein Firmenhandbuch oder ein Intranet, damit wir das Wissen festhalten, es schneller weitergeben können!*« Dadurch ist man weniger abhängig von einzelnen Schlüsselmitarbeitern, die sich umorientieren, in Rente gehen oder aus gesundheitlichen Gründen ausfallen. Auch im Fall einer Expansion ist es nötig, neue Leute schneller fit zu machen oder Aufgabengebiete intern möglichst nahtlos zu übertragen. Doch das Schicksal von solchen Firmenhandbuch- und Intranet-Projekten ist kein Geheimnis: Mitarbeiter schieben es auf, sträuben sich. Handbücher sind löchrig oder werden nie aktualisiert, das Intranet dümpelt vor sich hin. Das liegt nicht nur an mangelnder Zeit, sondern viele Mitarbeiter sind in Sorge, ersetzbar zu werden. »*Warum sollte ich mein ganzes Wissen aufschreiben? Warum sollte ich es teilen? – Wenn ich mein Know-how bei mir behalte, steigt mein Wert für die Firma.*«

Ein gerne übersehener Aspekt dabei betrifft die Verbundenheit zu Kolleginnen und Kollegen. Wer gebraucht wird, weil er auf alles eine Antwort weiß oder als alleinige Person für XY zuständig ist, für den steigt der persönliche Stellenwert. *»Ich bin die Instanz, derjenige, der eine langjährige Erfahrung oder Spezialwissen hat.«*

Darum muss es eine Kultur der Hilfsbereitschaft geben! Die entsteht nämlich nicht automatisch, und sie ist differenziert zu betrachten.

Hintergrund: Die Kultur der Hilfsbereitschaft

!

Hilfsbereitschaft hat drei Dimensionen:

- **»Ich helfe anderen.«**
  Kollegiales Handeln verbindet. Das bezieht sich nicht nur auf Kollegen innerhalb einer Abteilung, sondern es sollte firmenweit selbstverständlich sein, dass man sich hilft. Helfen heißt: *Ich teile mein Wissen und meine Erfahrungen. Ich tausche mich aus und respektiere Deadlines. Ich packe mit an, wenn Land unter ist.* Dazu gehört der Grundsatz »Eine Sache wird sinnvollerweise so im Unternehmen gemacht, dass sie insgesamt am wenigsten Aufwand verursacht«, was u. a. bedeutet, dass man unvorhergesehene Engpässe untereinander ausgleicht.
- **»Ich mache meine Arbeit so, dass andere keine unnötige Mehrarbeit durch mich haben.«**
  Das Bewusstsein dafür ist sehr wichtig, denn so wird niemand ausgenutzt oder überlastet, nur weil jemand seinen Part nicht (gut genug) erledigt. Auch gibt es keinen Blanko-Scheck für Schlampereien oder Versäumnisse, die andere ausbügeln sollen. Ist dieser Aspekt von Hilfsbereitschaft deutlich, steigt der Wille, andere zu unterstützen, immens.
- **»Ich bitte um Hilfe.«**
  Erstaunlich viele Menschen bitten nicht oder nicht rechtzeitig um Unterstützung. Das führt zu Überlastung und Stress – schlimmstenfalls kommt es zu versäumten Terminen oder Flüchtigkeitsfehlern, die dann aufwendig gerettet werden müssen (sofern das überhaupt noch geht). Leute, die von sich erwarten, alles selbst machen zu müssen, verbergen eine Überlastung oft gut oder kommen mit ihrem eigenen Aufgabengebiet in die Bredouille, weil sie anderen gegenüber zu hilfsbereit sind, was die eigene Arbeitssituation weiter verschärft.

Es lohnt sich, mit Ihrer Belegschaft – oder innerhalb der einzelnen Abteilungen – über das Teilen von Wissen und Hilfsbereitschaft zu sprechen. Die Antworten fallen in jeder Firma anders aus. Manche Abteilungen laufen in puncto Hilfsbereitschaft sehr kollegial und selbstverständlich. Bei anderen merken Sie, welche Barrieren es aus dem Weg zu räumen gilt. Denn Hilfsbereitschaft lässt sich nicht verordnen. Das Gute: Der Mensch ist von Grund auf ein soziales Wesen und damit gerne hilfsbereit. Doch gibt es in so gut wie jeder Gemeinschaft ein Ungleichgewicht von Leistungsvermögen und -bereitschaft (Können und Wollen). Darum ist es gut, die Einschätzung der Mitarbeiter offen zur Sprache zu bringen:

- Wie halten wir es mit der Hilfsbereitschaft?
- Was gehört für uns dazu?

- Was stört uns bzw. führt dazu, dass wir gar nicht helfen wollen?
- Wie soll es sein? Worauf verständigen wir uns? Was erwarten wir voneinander?

Und wenn Sie merken, dass einzelne Mitarbeiter ihr Wissen partout nicht teilen möchten, dann ist die Führungskraft gefragt: Was steckt dahinter? Es gibt immer einen Grund dafür, oft stecken Ängste oder Befürchtungen dahinter. Mit Anordnungen lässt sich das nicht lösen. Das Gute: Wenn Sie ehrlich interessiert sind und Ihr Gegenüber merkt, dass Sie verstehen möchten, bekommen Sie auch eine aufrichtige Antwort.

c) Konflikte und Spannungen offen miteinander angehen
Natürlich ist es gut, unnötigen Knatsch zu vermeiden. Selbstverständlich sollen Missverständnisse geklärt und Streitereien beigelegt werden. Doch Spannungen, Missstimmungen, Konflikte wird es immer geben – und das ist gut so!

- **Wie Symptome einer Krankheit zeigen atmosphärische Störungen und Knatsch an, dass etwas nicht stimmt: Hier werden Bedürfnisse missachtet oder zu wenig berücksichtigt.** Was sichtbar wird, lässt sich aktiv angehen. Wird es ignoriert, schwelt es und wächst unterschwellig weiter. Darum ist es so wichtig, dass wir uns füreinander interessieren.
- **Es gibt keine objektive Wahrheit.** Wo Menschen zusammen sind, gibt es persönliche und fachliche Faktoren, die aus dem individuellen Blickwinkel immer richtig sind.
- **Jedes Verhalten stellt für die Person einen Lösungsversuch dar.** Nicht zu verwechseln mit: Jedes Verhalten ist konstruktiv und lösungsorientiert auf das jeweilige Ziel gerichtet. Hier geht es darum, dass wir Menschen uns immer nach unseren Möglichkeiten verhalten und uns daran orientieren, wie wir bisher gut gefahren sind. Das sind – von außen betrachtet – nicht immer vorteilhafte Strategien. So kann jemand aus fachlichen Gründen derart überzeugt sein, dass ein bestimmtes Vorgehen für die Firma nicht sinnvoll ist, dass er den Prozess insgesamt blockiert. Ein anderes Beispiel ist der Choleriker, der gemerkt hat, sein Poltern führt dazu, dass sich andere eher wegducken, so dass er seinen Willen leichter durchdrücken kann. Oder eine harmoniebedürftige Person, die aus ihrer Sicht am besten damit fährt, einzulenken und eigene Bedürfnisse runterzuschlucken.

Wenn Sie dafür ein Bewusstsein schaffen können, passiert etwas Erstaunliches: Die Bereitschaft, zu verstehen, wächst. Im Grunde wollen sich alle beteiligen, bringen ihre Einzigartigkeit ein. Das heißt nicht, dass ungutes Verhalten einfach hingenommen werden soll. Doch es bedeutet, dass Sie es schaffen, im Konfliktfall aufeinander zuzugehen, indem die Bereitschaft da ist, sich – wie man so schön sagt – in die Schuhe des anderen zu stellen. Nicht, um zuzustimmen. Nicht, um die eigene Meinung aufzugeben. Sondern um zu verstehen, worum es hier tatsächlich geht.

Tipp: Betrachten Sie Diskussionen und Konflikte als Lernchance

!

Gehen Sie als Führungskraft voran, indem Sie Meetings moderieren oder in Besprechungen das Prinzip der Moderation etablieren! Selbstorganisierte Teams brauchen Raum für Diskussionen, um vielfältige Meinungen und Erfahrungen auszubalancieren. Im Mittelpunkt steht dabei, den anderen zu verstehen:

→ **Welche Sicht hat der Andere? Wie kommt er zu dieser Meinung?**

Wir neigen dazu, sofort unsere Ansicht zu erklären, wenn wir eine andere Meinung hören. Die neue Devise: Gut zuhören und ausreden lassen!

→ **Was verstehe ich noch nicht?**

Nachfragen sind erwünscht. Sehr hilfreich ist es auch, in eigenen Worten zu sagen, was man verstanden hat. Das erleichtert es dem anderen, mögliche Missverständnisse zu klären oder etwas, dass er – für mich – unklar oder unvollständig vermittelt hat, zu verdeutlichen. Das wiederum sensibilisiert alle dafür, wie oft man mit dem eigenen Expertenkopf denkt – und sich unverständlich ausdrückt. Durch das Erkennen von Missverständnissen und Nachfragen lernen alle, sich künftig eindeutiger auszudrücken bzw. lieber noch einmal nachzufragen, anstatt etwas anzunehmen.

→ **Welche Vorteile hat die andere Sichtweise?**

Die eigene Meinung kennen wir gut, wir können sie auch gleich noch einmal anbringen. Doch zuvor ist es eine großartige Lernchance, sich auf das Gegenüber einzulassen: Erkenne ich aus meiner Sicht Vorteile? Gibt es einen Teilaspekt daraus, der vertieft werden sollte? Oder steckt ein Grundgedanke darin, der eine neue Idee, einen berechtigten Einwand zündet?

→ **Wo gibt es Schnittpunkte?**

Was sind Gemeinsamkeiten? Das kann ein gemeinsamer Nenner sein, der sich verschieden äußert, aber in der gleichen Ursache oder Idee wurzelt. Bei Schwierigkeiten und Gegenargumenten haben verschiedene Seiten oft ein ähnliches Problem, das sich nur ganz anders äußert. Etwa wenn Controlling und Vertrieb sich über ein Vorgehen streiten, beiden Parteien aber zugrunde liegt, dass sie umfassende Mehrarbeit auf sich zukommen sehen. Oder es gibt zwei Fronten, um ein Problem zu lösen, aber der Blick auf Schnittpunkte und Gemeinsamkeiten zeigt, was schon »im Sack« ist bzw. welche Aspekte bereits geklärt sind. Das bringt voran, anstatt sich an einzelnen Argumenten oder Problemen endlos festzubeißen, oft mit verhärteten Fronten.

→ **Die Kernfrage zur gemeinsamen Orientierung: Was ist unser Purpose?**

Was sind unsere Werte? Haben wir ein gemeinsames Verständnis für den Purpose und unsere Werte? Der Purpose und besonders die Werte werden immer auch persönlich interpretiert. Darüber zu sprechen ist entscheidend, um die Sicht des anderen zu verstehen. Gerade bei den Werten braucht es immer wieder Beispiele aus dem Firmenalltag um gemeinsam abzuklopfen, wie wir unsere Werte interpretieren. Was bedeutet Fairness gegenüber unseren Kunden? Wo sind die Grenzen der Kulanz? Solche Fragen müssen immer wieder gemeinsam beantwortet werden. Nur über die Zeit kann hier ein gemeinsames und einheitliches Verständnis entstehen.

4.2.2 Von Vielfalt profitieren

Diese Säule ist besonders herausfordernd: Zum einen zeichnet es gerade Familienunternehmen aus, dass die Zusammensetzung der Belegschaft oft viele Jahre mehr oder weniger gleich bleibt, zumindest die Schlüsselpositionen oft mit einem loyalen Kern von Mitarbeiterinnen und Mitarbeitern besetzt sind. Zum einen ist es ganz menschlich, dass Führungskräfte sich für Mitarbeiter entscheiden, die ihren eigenen Vorstellungen und Herangehensweisen nahestehen. Doch erst Vielseitigkeit macht agil und ermöglicht es, innovative Lösungen zu finden.

! **Vielfalt**

- Diversität anstreben
- neue Ideen begrüßen
- Einwände und Widerstände nutzen

a) Diversität anstreben – in Arbeitsgruppen und in der Belegschaft
Zahlreiche Studien belegen, dass der Geschäftserfolg, ganz besonders die Innovationskraft, von der Vielfalt der Mitarbeiterinnen und Mitarbeiter abhängt. Auch kulturelle Unterschiede fördern Kreativität und Problemlösungsfähigkeiten. In Gegenden, in denen viele Hochqualifizierte mit Migrationshintergrund beschäftigt sind, gibt es beispielsweise besonders viele Patentanmeldungen. Wer Diversität nutzt, bringt Menschen zusammen, die sehr unterschiedliche Persönlichkeiten, Erfahrungsschätze und Herangehensweisen mitbringen, etwa durch Geschlecht, Herkunft, Alter, Familienstatus, Ausbildung und berufliche Stationen, Kultur, …

Es ist eine gute Idee, Arbeitsgruppen und Abteilungen auf ihre Diversität hin zu prüfen: Haben wir hier eine sehr homogene Gruppe, die, gerade wenn sie schon lange miteinander arbeitet, auf der gewohnten Klaviatur von Abläufen, Ansichten, Vorgehensweisen spielt? Oder können wir für einzelne Projekte oder das sukzessive Entwickeln des Unternehmens mehr Vielfalt hineinbringen, indem wir Gruppen diverser, heterogener zusammensetzen? Das kann bereits für einzelne Meetings nützlich sein!

Denken Sie vor allem an die Führungsebene: Wer wird nach welchen Kriterien in leitende Funktionen gehoben? Wie sieht es etwa mit Frauen in Führungspositionen aus? Oder herrscht ein bestimmtes Alter vor, wenn Sie die Geschäfts- und Abteilungsleitung überprüfen?

! **Neue Mitarbeiter einstellen**

- **Nicht in die Falle »mehr des Gleichen« tappen.** Das ist eine ganz menschliche Eigenheit. Sie kennen den Spruch *Gleich und Gleich gesellt sich gern.* Das ist auch im Berufsleben so, darum stellen Führungskräfte bevorzugt dieselbe Art von Mitarbeiter ein. Personalauswahl ist nie völlig objektiv: Wir haben eine meist relativ konservative Art, einen einschlägigen Lebenslauf zu bevorzugen. Wir haben aus Erfahrung bestimmte Vorurteile, z. B. *»Ein Studienabschluss ist Mindestvoraussetzung«, »Ein älterer Mitarbeiter lässt sich von mir nichts mehr sagen«, »Jemand, der lange Zeit in derselben Firma war, ist unflexibel«*. Dazu kommt – meist unbewusst – das Bevorzugen von Menschen, die gleiche Hobbys, gleiche Interessen haben und ähnliche kulturelle Erlebnisse bevorzugen. Natürlich ist es wichtig, dass Sie Ihre Vorlieben und Erfahrungen berücksichtigen, Sie möchten Ihr Unternehmen bzw. Ihre Abteilung gezielt verstärken. Dazu gehört, dass fachlich und persönlich alles passt.

- **Welche Entwicklungsstufe wollen wir erreichen?** Ein klarer Purpose, abgestimmte Werte und ein gemeinsames Verständnis, auf welcher Stufe im Spiral-Dynamics-Modell (→ Kap. 2.4) sich das eigene Unternehmen befindet und welche Stufe es anstrebt. Diese Faktoren bilden die perfekte Grundlage, um die passenden Mitarbeiter ins Boot zu holen. Klarheit in diesen Punkten hilft der Geschäftsführung zu erkennen: Welche Mitarbeiter brauchen wir für unsere Entwicklungsziele? Welche Fähigkeiten helfen uns weiter? In welchen Bereichen haben wir blinde Flecken? Bei welcher Farbe sind wir noch zu schwach aufgestellt?
  Denken Sie an meinen Hinweis in Kapitel 2, dass Sie besonders in der Geschäftsführung und im mittleren Management gelbe und grüne Fähigkeiten gebrauchen können.
- **Fördern Sie Vielfalt bereits bei Stellenausschreibungen:** Platzieren Sie Jobangebote dort, wo eine vielfältige Zielgruppe erreicht wird – oder suchen Sie gezielt in spezielleren Medien oder auf Plattformen, wo Sie Menschen erreichen, die sich in den »Standard-Stellenmärkten« eher nicht bewegen. Immer mehr Unternehmen sprechen gezielt mögliche Kandidaten an, etwa über Berufsnetzwerke wie XING, LinkedIn. Auch wie Sie eine Stellenanzeige formulieren, macht einen Unterschied: Sie können die Latte sehr hoch legen und von vornherein bestimmte Lebensläufe oder Hintergründe ausschließen oder explizit offener formulieren. Bei manchen Stellen ist es problemlos möglich, flexiblere Arbeitszeitmodelle anzubieten, hinsichtlich der Arbeitszeiten oder der Gesamtarbeitszeit, was Bewerbern mit besonderen Lebensumständen die Möglichkeit gibt, sich zu bewerben.

Meine Empfehlung: Achten Sie auf eigene Vorteile und »Trampelpfade« im Gehirn, und zwar bereits beim Sichten von Bewerbungsunterlagen – und schauen Sie bei den Menschen, die sie direkt ablehnen, einfach mal etwas näher hin und fragen Sie sich, was Sie zum Aussortieren bewegt hat bzw. welche Eigenschaften ein Kandidat möglicherweise mitbringt, die anders sind und Ihr Team bereichern könnten.

b) Neue Ideen begrüßen

Die aktuelle Zeit – die VUCA-Welt mit ihren Unsicherheiten – fordert unsere bisherige Arbeitswelt heraus. Damit wackelt der individuelle Erfahrungsschatz: Wir sind es gewohnt, auf dem, was wir kennen, aufzubauen. Darauf basieren unsere Strategien, Rückschlüsse und das Einschätzen von Ideen. Unabhängig davon, ob es um ein aktuelles Problem geht, eine mögliche Kurskorrektur oder die Entscheidung für ein neues Produkt. Darin besteht ein Dilemma für alle! Denn einerseits ist der Mensch in der Regel neugierig und will, gerade im Rahmen des frisch entwickelten Purpose, Eigeninitiative zeigen. Andererseits haben wir das Bewährte und, ja, manchmal auch Eingefahrene.

Neue Ideen zu begrüßen heißt nicht,

- alles gut zu finden,
- jeder fixen Idee nachzulaufen,
- bei allem »outside the box« denken zu müssen.

Darum rede ich von »begrüßen«. Sensibilisieren Sie Ihre Mitarbeiterinnen und Mitarbeiter, sich auf neue Ideen einzulassen, anstatt sie im Keim zu ersticken. Beides hängt von der gewählten Kommunikationsform ab. Und auch hier geht es sozusagen ums Prinzip.

Diese Art der Kommunikation erstickt und entmutigt neue Ideen		**Diese Art der Kommunikation ermutigt zu neuen Ideen und lädt ein, sie näher zu betrachten**
Gar nicht erst hören wollen, unterbrechen, abwürgen – dazu gehört gezieltes Überhören/Übergehen.	*statt*	Aufmerksam zuhören und nachfragen: Die neue Idee – und den anderen – ernst nehmen und ausreden lassen.
Alles, was sofort in Richtung **Nein** geht, wie »Das geht eh nicht …«, »Das haben wir schon versucht …«, »Das will der Kunde nicht …«	*statt*	Es ist jederzeit möglich, Erfahrungen, Skepsis oder Einwände in bejahender Haltung anzubringen: »Ja, und was ist mit …?«, »Ja, sowas haben wir schon mal versucht, und zwar …«
Alles, was abwertet: »So ein Blödsinn!«, »Du kennst dich nicht genug aus/ich weiß es besser!« Dazu gehört nonverbales Verhalten wie Augenrollen, abfällige Handbewegungen, herablassende Blickwechsel zwischen anderen.	*statt*	Im Sinne des wechselseitigen Respekts, den sich jeder wünscht, ist es wichtig, abwertendes Verhalten weder vorzuleben, noch zu dulden: Hier müssen sich alle Führungskräfte kritisch selbst befragen und es – konstruktiv – ansprechen, dass »wir so nicht miteinander umgehen«.
Alles, was um das Problem und Hindernisse kreist – also Heulen und Zähneknirschen, das Zuschieben eines »Schwarzen Peter«, das Hineinsteigern in tatsächliche oder befürchtete Konsequenzen.	*statt*	Lösungsorientierte Kommunikation: Was wäre, wenn es das Problem nicht gibt? Woran werden Sie merken, dass Ihr Problem gelöst ist? Was werden Sie dann tun, was Sie jetzt (noch) nicht tun? Was ist/wäre dann anders?

Anhand dieser Beispiele wird schnell klar, wie sehr wir uns die Zusammenarbeit leichter machen können und wie viel besser es sich anfühlt, wenn jeder weiß: Ich fühle mich mit meinen Ideen und Ansichten gehört. So lässt es sich gleich sehr viel konstruktiver über Vorbehalte, Gegenmeinungen oder Unlust sprechen – was ein Win-Win für alle darstellt und das Unternehmen voranbringt.

c) Einwände und Widerstände nutzen

Zurzeit wird ständig über »Disruption« gesprochen: Bestehende Abläufe, Geschäftsmodelle, ja ganze Märkte, werden von außen gestört. Doch es gibt auch die positive

Disruption, die durch Vielfalt einerseits angestoßen, andererseits, noch viel besser, innovativ bewältigt wird. In diesem Zusammenhang müssen wir über Einwände und Widerstände reden, die gemeinhin gerade in Veränderungsprozessen eher als negativ wahrgenommen werden: Da blockiert was, jemand »treibt quer« oder sogar ganze Teams scheinen nicht mitzuziehen.

Hier haben Sie als Familienbetrieb eine besonders gute Ausgangslage. Zwar gibt es, wie in anderen Unternehmen, die Tendenz, das gewohnte Fahrwasser zu verteidigen. Doch familiengeführte Unternehmen haben durch ihre Mitarbeiterstruktur und die meist noch sehr persönlichen Verbindungen untereinander eine stärkere menschliche Komponente. Man kennt sich (oft schon sehr lange), schätzt sich und ist gut aufeinander eingespielt. Dadurch ist das Verständnis und die Sorge um einen Mitarbeiter, der in den Widerstand geht, meist stärker ausgeprägt.

Wichtig !

Widerstand muss nicht immer offen geäußert werden. Je nachdem, worum es bei der Veränderung geht, kann sich großer Stress auch in einem Leistungs- oder Motivationsabfall äußern, manchmal in einer regelrechten Lähmung. Verzweiflung oder Frust zeigen sich oft in unkollegialem Verhalten, Launen oder Zynismus.

Was bedeutet es, Einwände und Widerstände zu nutzen?

- **Die Möglichkeit für jeden, einen kritischen Beitrag einzubringen, auch wenn er im Widerspruch zum gewünschten Ziel steht, ist entscheidend:** Hören Sie sich Einwände an, gehen Sie offensiv mit Widerständen um – das heißt in erster Linie, genau wie bei den neuen Ideen: hinhören, ausreden lassen, verstehen. Welche Bedürfnisse liegen dahinter? Dadurch erkennen Sie die Wurzeln für den Widerstand und können punktuell wirksam ansetzen, anstatt einfach dagegenzureden oder zu appellieren.
- **Was braucht der Mitarbeiter bzw. die Abteilung?** Auch wenn nicht alle Bedürfnisse der Mitarbeiterinnen und Mitarbeiter berücksichtigt werden können, so erzeugt doch die Würdigung der Sichtweise der Mitarbeiter eine höhere Kooperationsbereitschaft und ein Gefühl von »Ich werde gesehen«.
- **Bei fachlichen Widerständen oder großer Skepsis ist es auf Führungsebene wichtig, besonders genau hinzuhören:** Die Mitarbeiter, die im Tagesgeschäft »an der Front« arbeiten, haben oft sehr wichtige konkrete Details, die ein an sich sinnvolles Ziel vermeintlich konterkarieren. Doch tatsächlich gibt es die Möglichkeit, ein Ziel abzuklopfen und mögliche Hürden rechtzeitig zu erkennen. Allzu oft werden berechtigte Einwände, die im Arbeitsalltag einfach bestehen, ignoriert. Kein Wunder, wenn Mitarbeiter, die es in dieser Hinsicht oft wirklich besser wissen, eine Veränderung nicht jubelnd mittragen wollen. Darum fragen Sie nach, um Einwände daraufhin zu überprüfen, was weiterverfolgt werden sollte, um die Umsetzung zu ermöglichen oder sogar noch zu verbessern.

- **Holen Sie Ihre Mitarbeiter aktiv ins Lösungsboot:** Wer hat Ideen, wie wir mit der Problematik umgehen könnten? Wie lässt sich dieser berechtigte Einwand lösen? Wenn der Widerstand aufgrund von Befürchtungen besteht: Was können wir tun, damit wir alle mit einem besseren Gefühl reingehen? Wenn eine pauschale Unsicherheit in der gesamten Firma besteht, besprechen Sie sich innerhalb der Führungsebene: Was können wir tun, um für Zuversicht zu sorgen?

4.2.3 Verantwortung schenken

! **Verantwortung**

- Handlungsspielraum geben
- Appell zu Versuch und Irrtum
- gezielte Unterstützung

Bei Führungskräften und Mitarbeitern ersehnt und gefürchtet: mehr Eigenverantwortung. Purpose, Werte, Haltung – damit stecken wir im Unternehmen den Rahmen ab, in dem wir uns für eigenständiges Handeln bewegen. Doch sobald es ans Tun geht, bedeutet das, kleinteiliger und praktischer zu werden. Hier sind Führungskräfte mehr denn je gefragt, zu steuern, zu fordern und zu fördern. Doch diese Art der Unterstützung stellt uns alle zunächst auf die Probe. Je nachdem, auf welcher Entwicklungsstufe Ihr Unternehmen derzeit steht, ist dies nicht nur äußerst ungewohnt, sondern manchmal nicht ad hoc möglich. Verantwortung ist ein Reifeprozess, an dem alle gemeinsam arbeiten und in den sie hineinwachsen können.

a) Handlungsspielraum geben

Ohne die Möglichkeit von Mitarbeitern und Teams, eigene Entscheidungen zu treffen, ist Selbstorganisation sinnlos. Für hierarchisch geprägte Unternehmen bedeutet das eine 180-Grad-Wende. Für die Unternehmensführung heißt das, zu akzeptieren, dass es Fehlentscheidungen und Nachbesserungen geben wird. Statt Schuldzuweisungen gilt es, Impulse für eine Lernkultur zu setzen. Nach meiner Erfahrung ist das die größte Herausforderung für Führungskräfte, die Entscheidungen der Mitarbeiterinnen und Mitarbeiter zu akzeptieren, anstatt in alte Muster zu verfallen und Entscheidungen zu verwerfen. Denn das wäre tödlich für den Aufbau einer kooperativen Kultur. Selbstverständlich kann es sein, dass Sie als Führungskraft einmal eingreifen müssen, doch das muss dann gut begründet sein, sonst lässt sich der Schritt zu mehr Eigenverantwortung nicht umsetzen.

In Kapitel 3 ging es bereits um die Selbstorganisation. Wenn Sie eigenständiges Handeln fördern wollen, heißt das für Sie als Führungskraft:

- **Ich muss meine Mitarbeiter individuell kennen(lernen), um einschätzen zu können, welchen Verantwortungs- und Freiheitsgrad sie fachlich und persönlich**

derzeit annehmen können. Sie kennen Ihre Mitarbeiter sicherlich gut genug: Es wird darunter Leute geben, denen Sie gelassen völlig freie Hand geben können, bei denen es also reicht, die Resultate und den Zeitplan zu vereinbaren – und Sie sich darauf verlassen können, dass es läuft. Doch Sie haben auch Mitarbeiter, die sich etwas nicht zutrauen oder die sich überschätzen, die engere Unterstützung brauchen. Dazu kommen wir gleich.

- **Ich muss delegieren können – oder es lernen:** Ein Chef oder eine Chefin, die als »Kontrolletti« immer im Genick des Mitarbeiters sitzt oder nach dem Prinzip »It's my way or the highway« re(a)giert, ist mit einem größeren Handlungsspielraum nicht vereinbar. Beim Handlungsspielraum geht es darum, dass die Führungskräfte gezielt den Rahmen besprechen, ihre Erwartungen konkretisieren und mit dem Mitarbeiter in angemessener Weise Kontakt halten: Je nach Projekt kann man zu 100 Prozent alles dem Mitarbeiter überlassen, bei anderen Projekten vereinbart man bestimmte Intervalle, in denen entweder über den aktuellen Stand informiert wird oder die nächsten Schritte abgestimmt werden. Es wird immer Vorhaben geben, die Chefsache sind. Darum ist es wichtig, dass alle Beteiligten klar den Entscheidungsfreiraum kennen – und dieser dann auch akzeptiert wird.
- **Ich muss Feedbackschleifen und Manöverkritik etablieren.** Es ist entscheidend, das regelmäßig zu tun. Vielleicht sagen Sie jetzt: *»Oh nein, nicht schon wieder ein Meeting!«* Doch, es muss sein. Das ist wie ein Reifenwechsel. Wenn Sie Ihre Reifen abfahren, bis sie kein Profil mehr haben, sparen Sie die Zeit, um in die Werkstatt zu fahren, aber bei Regen fliegen Sie aus der Kurve.

Natürlich gibt es Regeln! !

Hier geht es weder um »Selbstverwirklichung ohne Grenzen«, noch darum, blind zu vertrauen, dass jeder Mitarbeiter schon richtig entscheidet. Regeln gibt es für Abstimmungsprozesse und organisatorische Notwendigkeiten. Sobald der Rahmen steht, ist Eigeninitiative erwünscht. Das ist ganz besonders im Außenkontakt wichtig: Geben Sie Ihren Mitarbeiterinnen und Mitarbeitern die Freiheit, im Alltagsgeschäft mit Kunden nach eigenen Erfahrungen und gesundem Menschenverstand zu entscheiden – innerhalb festgelegter Regeln, etwa welcher Entscheidungsfreiraum bei Sonderwünschen eines potenziellen Auftrages besteht oder bei einer Kundenbeschwerde. Sie werden erleben, dass Ihre Mitarbeiter aufblühen – es stärkt die Autonomie und den Status – und im Sinne der Firma entscheiden. Auch tragen Sie damit Ihre Haltung vorteilhaft nach außen (→ Kap. 5).

b) Appell zu Versuch und Irrtum – Learning by doing

Wenn Sie möchten, dass Ihre Mitarbeiterinnen und Mitarbeiter ihren Entscheidungs- und Handlungsspielraum zum Wohle der Firma einsetzen, wenn Sie außergewöhnliche Lösungen und innovative Ideen fördern möchten, dann ist es zwingend nötig, dass Sie Ihre Mitarbeiter anregen, Dinge auszuprobieren und während des Tuns zu lernen.

Nun ist es nicht verkehrt, die folgenden Kernpunkte zu verkünden, doch ich kann Ihnen sagen: Es reicht nicht, einfach zu sagen *»Ok, macht ruhig Fehler, das ist gut so«*. Denn wir alle sind darauf gepolt, dass Fehler etwas Schlechtes sind. Sie lassen sich zwar nicht komplett vermeiden, aber sie sind negativ belegt: Etwas nicht können, nicht richtig machen, zu scheitern, sich zu blamieren, den eigenen Ansprüchen nicht gerecht zu werden. Denken Sie an das SCARF-Modell: Bei Fehlern werden die Bedürfnisse nach Status (Gesichtsverlust) und Sicherheit angegriffen.

Darum sind in puncto Eigeninitiative und Fehlerkultur erneut die Führungskräfte entscheidend. Wie Sie in Meetings, im informellen Gespräch mit Mitarbeiterinnen und Mitarbeitern und vor allem in Bezug auf ein konkretes Projekt mit Fehlern oder vermeintlichen Rückschlägen umgehen, bestimmt, wie schnell Ihre Mitarbeiter sich mit dem *»Machen wir mal, dann sehen wir schon«* anstelle ständiger Absicherung anfreunden können – und sich mit Ideen, neuen Vorgehensweisen und schnelleren Resultaten vorwagen.

- **Weniger reden, mehr tun.**
  Die »Meetingkultur« in vielen Unternehmen führt zu ausgedehnten Debatten: Da wird stundenlang gesprochen, spekuliert, diskutiert, recherchiert, abgesichert, wieder getroffen, um erneut zu besprechen, zu diskutieren, … Das ist nicht nur aus Zeitgründen meistens äußerst unrentabel, sondern es konserviert den bisherigen Erfahrungs- und Spekulationsbrei. Diese Form der Meetingkultur ist in der VUCA-Welt wenig zielführend. Darum ermutigen Sie Ihre Mitarbeiter bitte, schneller ins Tun zu kommen!
- **Es ist okay, etwas nicht zu wissen und nicht auf Anhieb zu können.**
  Niemand verliert das Gesicht, wenn er eine Schwäche eingesteht. Zu sagen *»Ich weiß es nicht«*, *»Ich brauche Hilfe«*, *»Ich traue mich nicht«*, *»Ich glaube, ich bin auf dem Holzweg«* – solche Eingeständnisse sind eine Stärke! Es wird unterm Strich zudem weniger Zeit vergeudet durch das Vor-sich-Herschieben oder Abbiegen-Wollen, sondern Sie können gezielt unterstützen – oft reicht ein Gespräch, um Fragen und Vorbehalte zu klären.
- **Einen Fehler machen, etwas nicht richtig einzuschätzen oder an einer Stelle nicht weiterzukommen, ist völlig normal.**
  Wer seinen bisherigen Wissens- und Können-Bereich erweitert oder für das Unternehmen komplettes Neuland betritt (z. B. ein neues Produkt, ein neuer Markt oder ein neuer Kommunikations- oder Vertriebskanal) hat Applaus und Unterstützung verdient! Wenn Sie mit Ihrer Belegschaft über Spiral Dynamics und die Entwicklungsstufen gesprochen haben, können Sie alle darauf einschwören, dass Sie gemeinsam weiterkommen möchten. Dies bedeutet eben auch, etwas zu probieren, auch wenn es bisher keine gesicherten Erfahrungen oder vorhandene Prozesse gibt. Mark McCormack, Autor des Bestsellers »Was Sie an der Harvard Business School nicht lernen«, gilt mit seiner Firma IMG als Wegbereiter des modernen Sportmarketings und der Sportrechte-Vermarktung. Er meinte, dass jede Führungskraft ein-

mal am Tag sagen sollte: »*Das weiß ich nicht*« »*Ich habe einen Fehler gemacht*« und »*Bitte hilf mir*«. Seiner Erfahrung nach entsteht so eine positive Fehlerkultur und die Grundlage, wie echte Dialoge mit den Mitarbeitern geführt werden.

Damit wir uns richtig verstehen: Es geht hier nicht darum, kamikazemäßig zu tun, was man möchte oder jeder »fixen Idee« nachzulaufen, sondern es geht darum – durchaus überlegt –, schneller in die Praxis zu kommen, um neue Erfahrungen zu sammeln, die mit den bisherigen abgeglichen und dadurch bereichert werden können.

Team-Flow !

»Gelbe« Unternehmen setzen auf Autonomie und verteilte Autorität, verbunden mit formulierten Erwartungen an die Ergebnisse, die in permanenten Feedbackschleifen immer wieder abgestimmt und justiert werden. Das ist anfangs aufwendig und mit Zeit verbunden, doch es lohnt sich. Selbstorganisierte Teams, die in einen positiven Flow kommen, sind wie eine Sportmannschaft, die von einem Teamspirit getragen wird und erfolgreicher ist als eine Mannschaft, die aus Einzelkönnern besteht und bei der keiner bereit ist, für den anderen etwas zu leisten. Die Energie von Flow-Teams potenziert sich. Aus eins plus eins wird drei. Die Herausforderung besteht in der schrittweisen Entwicklung von einer klassisch hierarchisch geprägten Organisation hin zu selbstorganisierten und autonomen Teams.
Mehr zu Sprints statt langwierigen Zielen finden Sie in → Kapitel 3.

c) Gezielte Unterstützung

Als Führungskraft sind Sie ganz besonders gefordert, Ihre Mitarbeiter – und Projektteams – gezielt zu unterstützen. Bei der dritten Säule »Verantwortung«, geht es darum, Ihren Mitarbeiterinnen und Mitarbeitern nicht nur Aufgaben zu übertragen oder sie in eine bestimmte Position zu bringen und dann machen zu lassen. Sondern es geht darum, zu unterstützen und gleichzeitig die Verantwortung beim Mitarbeiter zu lassen.

Was meine ich damit?

- **Den Verantwortungsrahmen klar abstecken und die »Zügel« angemessen lockern**
  Diesen Aspekt kennen Sie bereits: Je nachdem, worum es geht und wie Sie den Mitarbeiter einschätzen, ist mehr oder weniger Freiraum machbar. Geht es um eine größere Sache oder ist ein Mitarbeiter persönlich oder fachlich noch nicht so weit, braucht es ein engmaschigeres Begleiten. Durch die Führungskraft oder durch ein Tandem mit erfahrenen Kolleginnen und Kollegen, die aufgrund ihrer Persönlichkeit oder Fachkompetenz eine gute Ergänzung darstellen, weil sie mit Erfahrung begleiten können oder weil sie ein Skill-Set mitbringen, das sich ergänzt. Denken Sie hier auch an die Vielfalt: Lassen Sie z. B. in einem Projekt gezielt einen Draufgänger mit einem Übervorsichtigen zusammenarbeiten.
- **Keine Abwertung!**
  Wenn Sie zu mehr Eigeninitiative und zum Ausprobieren anregen, darf es keine Abwertung geben. Es gibt keine Sündenböcke und kein Gezeter, wenn ein Schnitzer

zu ungünstigen Konsequenzen führt. Klartext und Manöverkritik sind wichtig, wie das auf konstruktive Weise stattfinden kann, wissen Sie bereits.

- **Kein vorzeitiges Wegnehmen oder Ansichreißen von Projekten oder Aufgaben**
  Zu den größten Fehlern zählt, dass Führungskräfte erst Freiraum geben, aber es dann nicht aushalten können und ein Projekt doch wieder an sich reißen. Delegieren zu lernen, ist für die allermeisten Führungskräfte wirklich schwierig, sogar wenn sie es noch so sehr wollen. Ich erlebe immer wieder, dass dieser Punkt für Familienunternehmer der schwierigste ist (*»Ich kann doch nicht! Es ist meine Firma …«*). Doch nur, wenn Sie nach und nach lernen, loszulassen, können Ihre Mitarbeiterinnen und Mitarbeiter zeigen, was sie drauf haben. Allerdings müssen Sie akzeptieren, dass es nicht nur Ihren Ansatz gibt, eine Aufgabe zu lösen.
- **Kein Verantwortungsübergang, wenn Probleme aufkommen**
  Kennen Sie diese Anekdote: Ein Mitarbeiter kommt mit einem Problem in Ihr Büro (der Affe auf der Schulter), doch wenn er das Büro wieder verlässt, haben Sie als Chefin oder Chef den Affen auf Ihrer Schulter? Gezielt unterstützen heißt nicht, dass Sie Hürden oder Probleme für den Mitarbeiter lösen. Der Affe bleibt auf der Schulter Ihres Mitarbeiters! Doch Sie helfen, dass er damit umgehen und das Problem selbst lösen kann. So ermöglichen Sie das Weiterentwickeln des Mitarbeiters und die Zuversicht, dass er Hürden selbst meistern und etwaige Fehler selbst ausbügeln kann.

Mein Tipp: Den Mitarbeitern mehr Freiräume zu geben, ist für viele Führungskräfte ungewohnt. Treffen Sie sich regelmäßig (einmal im Monat) im Führungskreis und tauschen Sie Ihre Erfahrungen dazu aus. Sie werden erstaunt sein, wie ähnlich die Erfahrungen sind und wie gut es tut, in Worte zu fassen, wie es Ihnen damit geht, darüber gemeinsam zu reflektieren und voneinander zu lernen.

Wenn Sie diese drei Säulen konsequent im Auge behalten, gelingt der Kulturwandel, denn Sie berücksichtigen dabei die drei Ebenen: Herz, Hand und Hirn. Sie haben an meinen Ausführungen gesehen, dass das überhaupt nicht kompliziert ist, trotzdem fällt es nicht leicht. Mit den Worten von Gunther Schmidt: »Es ist einfach, aber nicht leicht.« Behalten Sie diese Aspekte im Auge. Sobald Sie sie kennen, miteinander besprechen, vorleben, sind alle Menschen im Unternehmen viel stärker für Kommunikation sensibilisiert.

Drei Säulen einer gemeinsamen Lern- und Fehlerkultur		
Verbundenheit herstellen	**Von Vielfalt profitieren**	**Verantwortung schenken**
• Wie kommunizieren wir? • hilfsbereit sein • Konflikte und Spannungen offen miteinander angehen	• andere Erfahrungen, Blickwinkel und neue Ideen begrüßen • Einwände und Widerstände nutzen	• Handlungsspielraum nutzen können • Trial & Error • gezielte Unterstützung
Voraussetzung: 3P-Purpose und verständliche Werte		

DIGITALE EXTRAS

Eine Übersicht der drei Säulen einer gemeinsamen Lern- und Fehlerkultur können Sie auf mybook.haufe.de herunterladen.

All das brauchen Sie auch für die Welt da draußen! Der Kulturwandel wirkt sich also nicht nur firmenintern positiv aus, sondern verbessert die Kommunikation mit Interessenten, Kunden und Lieferanten. Damit setzen Sie einen elementaren Grundstein dafür, den Purpose nach außen zu leben. Und mit diesem Gedanken springen wir mit beiden Beinen ins fünfte Kapitel.

5 Der Purpose als Markenkern – So tragen Sie Ihre Haltung nach außen

An was denken Sie, wenn Sie BMW, Kaufhof, Allianz, SAP, Telekom oder Adidas hören? – Zu jedem dieser Markennamen entstehen in unserem Kopf unwillkürlich Gedanken und Gefühle. Diese Assoziationen können positiv sein, neutral oder negativ. Sind sie positiv, sprechen wir besser von der Marke und neigen eher zum Kauf. Auch unser Vertrauen in die Marke nimmt zu. Die Kundentreue steigt. In diesem Kapitel geht es darum, den Purpose – Ihr internes Warum – nach außen zu transportieren.

Marke und Produkt

Nach meiner Definition ist eine starke Marke ein Produkt, das mit bestimmten positiven Gedanken und Gefühlen verbunden wird. Nachfolgend spreche ich der Einfachheit halber nur von »Produkt«, meine damit aber auch Dienstleistungen oder das gesamte Unternehmen. Sogar Personen können eine Marke sein. Auch aus der Umgangssprache kennen wir die Formulierung: »*Der ist ja eine Marke!*« Meistens sind damit Personen gemeint, die ein besonders markantes Verhalten haben. Bei Familienunternehmen gibt es die Möglichkeit, die Personen und den Namen der Familie in den Vordergrund zu stellen. Prominente Beispiele sind Hipp, Graf von Faber-Castell und Sixt. Der Vorteil ist, dass Personen aus der Familie eine hohe Glaubwürdigkeit haben und sie das grundsätzlich positive Image von Familienunternehmen unterstreichen.

»Marke« und »Branding« sind in den letzten Jahren beliebte Schlagwörter geworden. Doch eine Marke wird man nicht, indem man es beschließt oder einfach nur eine Werbekampagne startet, die den Produktnamen in die Köpfe bringen soll. Eine Marke ist mehr. Eine Marke aufzubauen, dauert. Und eine Marke will geführt werden, damit bei unserer Zielgruppe die von uns gewünschten Assoziationen verankert werden. Wenn das gelingt, kommt es zu einem vielfältigen Win-Win:

- **Eine Marke schenkt Vertrauen und stupst Kunden in Ihre Richtung.** Steht eine Kaufentscheidung an, orientiert man sich an der (vermuteten) besseren Markenqualität als bei vergleichbaren Produkten. Ich schreibe »vermutet«, denn tatsächlich werden Produkte immer austauschbarer. Die effiziente Produktionstechnik ermöglicht vielen Herstellern, Produkte von gleicher Qualität herzustellen. Teilweise sind Produkte sogar vom gleichen Hersteller und erhalten nur eine andere Markenbezeichnung. Dann spricht man von White-Label-Produkten.
- **Die Entscheidung für eine Marke reduziert die Wahrscheinlichkeit für eine Fehlentscheidung.** Ob im Business-to-Business-Bereich oder bei Privatleuten: Wer etwas anschafft, möchte ein gutes Gefühl dabei haben. Dabei geht es keineswegs nur um Vernunft oder Fakten! Kaufentscheidungen haben sehr viel mit Psychologie zu tun und damit, sich gut zu fühlen. Es geht auch um die innere Sicherheit: *»Da kann ich nichts falsch machen«, »Das ist die beste Investition, da bekomme ich was für mein Geld!«* ist für viele der Grund, eine Marke zu kaufen, auch im B2B-Bereich. Ein Klassiker ist der Spruch *»You never get fired for buying IBM«*. Frei übersetzt: *»Sie werden niemals entlassen, wenn Sie einen IBM-Computer kaufen.«* Ja, der Spruch ist schon ein paar Jahre alt, aber die Kernaussage ist die gleiche geblieben. Der Einkäufer vertraut der Marke so sehr, da kann er keinen Fehler machen. Da wollen Sie auch hin!
- **Das Preis-Leistungs-Verhältnis wird anders gewichtet.** Gerade durch die immer günstiger werdenden Herstellungsmethoden und den immensen Konkurrenzdruck, der durch Online-Geschäfte auf aller Welt in jeder Branche die Umsätze erheblich mindert, müssen wir uns als Unternehmen von dem Preiskampf befreien. Anstatt also immer preislich mithalten zu wollen oder immer weiter herunterzugehen, weil Kunden Sie gegen die Konkurrenz ausspielen, können Sie darauf setzen, Ihr Produkt so attraktiv zu machen, dass man nicht nur Ihren Preis bezahlt, sondern dass Kunden sogar liebend gerne mehr bezahlen. Weil – sofern die Qualität stimmt – durch die Marke der Wert steigt. Man nennt das ein Preis-Premium der Marke. Ein Audi kostet um einige tausend Euro mehr, obwohl seine technischen Leistungsdaten und die Ausstattung dem eines Skodas entsprechen. Tests von Autozeitschriften belegen dies immer wieder.
- **Die Marke wird mit bestimmten, positiven Emotionen verbunden.** Das nennt sich »emotional Branding«. Durch die konsequente Verbindung der Marke mit emotionalen Aspekten – den Markenwerten und der Markenpersönlichkeit (dazu gleich mehr) – entsteht in den Köpfen der Zielgruppe ein Bild, ein Image über die Marke. Dieses Bild bewusst aufzubauen und zu steuern, ist Markenführung.

„Die Geschäftsführung muss den Purpose vorleben. Erst dann kann man ihn im Marketing umsetzen.

Karsten Kilian

5.1 Vom Purpose zur Markenpersönlichkeit – Was wollen wir vermitteln?

5.1.1 Die Marke – Ein klares Bild in den Köpfen der Zielgruppe

In meinen Workshops mache ich zum Thema Marke gerne folgende Übung: Ich lasse eine Gruppe von drei bis vier Personen eine Marke aussuchen. Die Gruppe einigt sich auf eine Marke, ohne den Markennamen an die Teilnehmer der anderen Gruppe zu verraten. Nun schreiben sie alle Begriffe auf, die die jeweiligen Gruppenmitglieder mit dieser Marke verbinden. Dabei sind alle Gedanken erlaubt, auch negative Assoziationen. Die einzelnen Begriffe notieren die Teilnehmer dann auf Post-its, heften sie nacheinander an die Wand – die Teilnehmer der anderen Gruppe raten, um welche Marke es geht.

Hier ein Beispiel: Die Gruppe startet und postet die ersten beiden Begriffe an die Wand: »Energie« und »wach«.

Raten Sie mit! Haben Sie schon eine Idee, um welche Marke es sich handeln könnte?

Das nächste Wort lautet »Flügel«.

Spätestens jetzt sagt einer der anderen Teilnehmer »Red Bull«. Ich habe noch nie erlebt, dass es mehr als vier Begriffe gebraucht hat, um die Marke Red Bull zu erraten. Das Beispiel zeigt, wie stark diese Marke mit bestimmten Assoziationen und Werten verbunden ist. Red Bull hat es geschafft, ein ganz klares Bild – Image – in unseren Köpfen zu verankern, unabhängig davon, ob wir das Produkt gut oder schlecht finden.

Natürlich haben Sie es nicht immer im Griff, was Ihre Zielgruppe über Ihre Marke denkt. Ich möchte Ihnen dazu ein weiteres Beispiel geben.

Bei einem Workshop, der schon mehrere Jahre zurückliegt, hat ein Team folgende Begriffe an die Wand gepostet: »Qualität«, »Sicherheit«, »Rentner«.

Haben Sie eine Idee? Die andere Teilnehmergruppe hatte es ganz schnell erraten. Ja, es war Mercedes-Benz. Seinerzeit! Schauen Sie sich einmal Mercedes-Werbung von heute an: Auf einmal sind junge Menschen in den Anzeigen zu sehen, keine mit Anzügen, sondern mit ganz »coolen« Klamotten. Die Marke wurde gezielt geführt, in diesem Fall verändert. Und das funktioniert! Die Marke wird jetzt als wesentlich jünger wahrgenommen als noch vor ein paar Jahren.

»Ich habe mir unsere Website angeschaut und gedacht: ›Toll, was die alles können und ich kenne die nicht, obwohl ich in der Firma arbeite.‹«
Führungskraft in einem Veränderungsprozess

Das macht eine starke Marke aus: Ein klares Bild in den Köpfen der Zielgruppe. Der wichtigste Schritt dabei ist, die Markenwerte festzulegen und konsequent – über Jahre – zu kommunizieren. Das ist der Unterschied zwischen professioneller Markenführung und Werbung, die einfach gut aussieht und vielen gefällt, aber immer unterschiedliche Aspekte betont.

In Kapitel 2 haben Sie Ihre Unternehmenswerte bestimmt, sie in Balance gebracht und Ihren 3P-Purpose – Passion, Performance, Perspektive – formuliert. Dies sind die Grundlagen, um herauszufinden, was für Ihre Außenkommunikation wichtig ist. Sie bestimmen damit das Rückgrat und den Fokus Ihrer Kommunikationsmittel (Prospekte, Website, Verpackung, ...): Die gewünschte Wirkung, die Ihre Selbstdarstellung und Ihre Marketingmaßnahmen haben müssen, damit Sie sich mit den gewünschten Gedanken und Emotionen bei Ihrer Zielgruppe verankern.

Bevor wir etwas tiefer in den Prozess einsteigen, möchte ich zunächst ein verkürztes Beispiel geben, damit Sie das Prinzip verstehen, zumal ich einen weiteren wichtigen Punkt ansprechen möchte: Jedes Unternehmen ist anders, selbst wenn es in der gleichen Branche tätig ist. Das ist sehr wichtig, denn oft sind Familienunternehmen zu nüchtern auf das Was fokussiert: »*Wir stellen Schrauben her*«, »*Wir beliefern die Automobilindustrie*«, anstatt intensiver auf das Wie und das Wer sowie auf die Feinheiten zu achten.

Beispiel: Zwei Weingüter mit unterschiedlichem Purpose
In **Weingut A** lebt die Winzerfamilie ihre Leidenschaft für reinsortige Weine. Weine, die aus einer Rebsorte sind und nicht gemischt werden. Sie arbeitet mit Liebe an dem Ausbau und der Kelterei von Rebsorten, die sich durch die unterschiedlichen Böden und die verschiedenen Jahrgänge unterscheiden. »Alleine durch die verschiedenen Böden wie Buntsandstein, Muschelkalk, Keuper und Kristallin schmeckt ein Silvaner ganz unterschiedlich. Unsere Philosophie ist, durch den sortenreinen Wein werden die Nuancen der Böden besser vergleichbar. Unsere Kunden sind immer überrascht und meistens begeistert, wie unterschiedlich eine Rebsorte schmeckt, wenn sich nur der Boden, die Lage oder der Jahrgang ändert. Viele Kunden haben dadurch schon ihre Meinung geändert und sagen: ›Früher habe ich nie einen Silvaner getrunken, jetzt habe ich erst gemerkt, wie gut der schmecken kann‹.«

Der Purpose von Weingut A !

»Wir lieben sortenreine Weine und die Nuancen im Charakter einer Rebsorte. Mit Leidenschaft arbeiten wir in Weinberg und Keller, um mit der Stilistik der einzelnen Rebsorten zu arbeiten. Unsere Kunden erleben dadurch Weine, die eine unbekannte Vergleichbarkeit von Böden, Lage und Jahrgang ermöglichen.«

Die wichtigsten Unternehmenswerte	Markenwerte (abgeleitet aus dem Purpose)
Unabhängigkeit, Verlässlichkeit, Unermüdlichkeit, Liebe zur Tradition, Treue, Individualität	Klarheit, Reduktion, weniger ist mehr, Beständigkeit, Essenz, Naturalien, Böden

↓

Markenpersönlichkeit: Wie soll das Weingut bzw. die Weine wahrgenommen werden?
klar, reduziert – »erdig und bodennah« – » Wir gehen unseren eigenen, bewährten Weg« – Tradition mit viel Erfahrung und Wissen, wir gehen in die Tiefe

Weingut B lebt die Abwechslung. Mal Cuvée, mal reinsortig, mal alt, mal neue Rebsorten, hier wird ausprobiert und gerne gemischt. Fast schon wie ein Cocktail-Meister lebt die Winzerfamilie die Faszination, mit den unterschiedlichen Rebsorten zu spielen. »Wir lieben das Ausprobieren, uns selbst und unsere Kunden zu überraschen. Auch mal an die Grenze zu gehen und etwas verrücktes Neues auszuprobieren.«

!

Der Purpose von Weingut B

Unsere Leidenschaft gilt der Vielfalt der Weine. Durch den Verschnitt von Rebsorten können wir immer wieder überraschende Weine kreieren. Wir möchten die unendliche Welt der Rebsorten lebendig machen, sind fasziniert davon, Neues auszuprobieren und unsere Kunden mit unbekannten Weinerlebnissen zu verführen.

Die wichtigsten Unternehmenswerte	Markenwerte (abgeleitet aus dem Purpose)
Teamerfolg, Kooperation, Toleranz, Offenheit, Harmonie, Produktivität, Verantwortung, Individualität	Abwechslung, bunt, Lebendigkeit, Überraschung, Kreativität, Neugierde, Mut

↓

Markenpersönlichkeit: Wie soll das Weingut bzw. die Weine wahrgenommen werden?
vielfältig, bunt, überraschend, kreativ, Entdeckergeist

Zwei Weingüter, im Prinzip das gleiche Produkt – und doch sind Unternehmen und Purpose verschieden gelagert. Die Kunden wissen, wofür das jeweilige Unternehmen steht und was ihnen wichtig ist. Bei den beiden Weingütern im Beispiel wird das deutlich: Ein Teil der Weintrinker wird das puristische Konzept ansprechen, andere eher die Vielfalt.

So eine Beschreibung der Markenwerte und der Markenpersönlichkeit dient als Grundlage für ein Briefing für Ihre Kommunikationsagentur oder den Grafiker. Aber auch für alle anderen Aktivitäten, die Sie durchführen. Das ist Ihre Grundlage für alles! Wenn Sie ein Sommerfest machen, einen Weihnachtsbrief verschicken, ihre Etiketten neu gestalten. Immer ist der Maßstab, die entscheidende Frage: *Werden unsere Markenwerte und unsere Markenpersönlichkeit kommuniziert?* Sie können sich bestimmt vorstellen, dass die Website von Weingut A ganz anders aussieht als diejenige von Weingut B.

Nun kann es sein, dass Sie gerade die Augenbrauen hochziehen, weil Sie in einer Branche tätig sind, die, salopp ausgedrückt, eher unspektakulär ist. Was ist, wenn Sie jetzt nichts offensichtlich Besonderes in Ihrer Produktpalette haben? Oder wenn es auf Ihrem Gebiet nicht üblich ist, großartig Werbung zu machen, sondern man halt einfach die Ware liefert, wobei der Fokus auf Fakten und Spezifikationen liegt?

Grundsätzlich gilt: Alles, was wir hier besprechen, ist für jedes Familienunternehmen relevant. Unabhängig davon, was Ihr Produkt ist, ob Sie im B2B- oder im B2C-Sektor tätig sind. Menschen kaufen von Menschen. Und das, was Ihr Unternehmen – oder ein bestimmtes Produkt, eine Leistung – hervorhebt, ist das, was Sie individuell ausmacht. Sie sind anders als Ihre Mitbewerber. Das Bewusstsein dafür, was Sie ausmacht, macht Sie stark und gibt Ihnen für Ihren Auftritt nach außen ein unverwechselbares Profil.

Wenn ich ein Spiel erfinden müsste, um die Wirkung von Marken zu erklären, würde ich Zigaretten nehmen. Warum? Gehen Sie bei einer Geburtstagsfeier vor das Restaurant und fragen die Raucher, warum sie diese bestimmte Zigarettenmarke rauchen. Welche Antwort werden Sie bekommen? »*Die schmecken mir am besten.*« Kaum einer der Raucher wird sagen: »*Ich rauche Marlboro, weil ich früher die Cowboy-Werbung so cool fand*« oder »*Ich mag diesen französischen Lebensstil, damit identifiziere ich mich, deshalb rauche ich Gauloises Blondes*« oder »*Ich fand die Werbung von Lucky Strike schon immer clever, nicht so platt, deshalb rauche ich die*«. Das wird niemand antworten! Die Argumentation wird sich fast immer auf den Geschmack reduzieren, und dieser psychologische Umstand macht emotionale Marken so schwer fassbar. Wir diskutieren über die faktischen Produktvorteile, das können wir, aber die emotionalen Facetten einer Marke zu benennen, das fällt oft schwer. Das ist wie bei einem Eisberg: Es ist nur der kleinste Teil sichtbar, doch der Eisberg wird vom – viel größeren – unsichtbaren Teil gesteuert.

Die Identität einer Marke lässt sich nicht von außen überstülpen. Persönlichkeit ist keine Fassade. Entscheidend ist die Authentizität. Der stimmige Zusammenhang zwischen meinen Erlebnissen als Kunde und dem gefühlten Eindruck, den wir von einer Firma haben. Je stimmiger, desto stärker wirkt Ihre Marke, und die erfolgreiche Profilierung eines Familienunternehmens beginnt bei seinen Werten.

Nun sind Sie dran!

! DIGITALE EXTRAS

Impuls und Reflexionsübung

Unsere wichtigsten Werte und die Markenpersönlichkeit

Am Ende des zweiten Kapitels haben Sie im Abschnitt 2.6.1 »Werden Sie sich Ihrer Unternehmenswerte bewusst« Ihre Werte bestimmt und Ihren Purpose ermittelt. Bitte tragen Sie Ihren Purpose und Ihre Werte nun in ein Formular ein und definieren Sie – nach dem Muster oben – Ihre Markenpersönlichkeit.
Auf mybook.haufe.de können Sie das Blanko-Formular herunterladen.

Unser Purpose: ....

Ihre wichtigsten Unternehmenswerte	Markenwerte (abgeleitet aus dem Purpose)

↓

Markenpersönlichkeit – Wie wollen wir wahrgenommen werden?

Sie können dieses Prinzip, wie gesagt, auch für einzelne Aspekte anwenden, die Sie zur Marke aufbauen möchten, z. B.:

- für ein bestimmtes Produkt oder ausgewählte Dienstleistungen
- für eine Produktlinie
- für eine Person

Eine Frage, die bezüglich der Markenwerte immer wieder auftaucht: Ändern die Werte sich mit der Zeit? Meine Antwort: Ihre Markenwerte und ihre Markenpersönlichkeit bleiben festgeschrieben! Verschließen Sie diese Informationen bildlich gesprochen in einem Tresor! Denn was sich ändert, ist die Interpretation. Heute übersetzen Sie »vielfältig und bunt« anders als in fünf Jahren. Das ändert sich, aber nicht die Werte!

!

WAUU-Check für ihre Markenwerte

Wenn Sie eine engere Auswahl von Werten abgestimmt haben, klopfen Sie Ihre Werte bitte auf folgende Aspekte ab:

- **Wesentlich?** Hat der Wert eine Relevanz für Ihre Zielgruppe?
- **Authentisch?** Kommt der Wert aus Ihrer Geschichte? Ist er wirklich bei Ihnen verankert?
- **Unterscheidbar?** Haben diesen Wert schon Wettbewerber besetzt? Können Sie ihn anders interpretieren oder kombinieren?
- **Umsetzbar?** Können Sie diesen Wert in Ihren Produkten oder Dienstleistungen umsetzen, integrieren, verstärken?

Je öfter Sie zustimmen, desto stärker sind die Werte, so dass sie Ihrer Marke ein eigenständiges Profil geben.

5.1.2 Die Interpretation der Markenpersönlichkeit

Mit dem Festlegen der Begriffe sind Sie bereits ein gutes Stück weiter gekommen, wie das Weingut B, das seine gewünschte Wirkung so definiert hat: *vielfältig, bunt, überraschend, kreativ, Entdeckergeist.* Doch was bedeuten denn nun die von Ihnen bestimmten Begriffe? Was meinen Sie damit genau? Und wie gelingt das so anschaulich, dass Sie ein Gefühl dafür bekommen, wie Ihre Außendarstellung aussehen, sich anfühlen sollte?

Es ärgert mich etwas, wenn ich ein Unternehmen besuche, das von sich sagt *»Die Marke hat eine Markenagentur für uns entwickelt – aber das Umsetzen müssen wir selbst machen«*. Es tut weh, weil erst in der Umsetzung die Marke und die Markenwerte sichtbar und greifbar werden. Papier ist geduldig und Werte sind schnell auf ein Flipchart geschrieben. Wenn eine Beratung sagt: »Wir machen nur die Markenstrategie.« Dann sollten Sie bitte vorsichtig sein.

Wenn Sie die Markenwerte definiert haben, dann stehen Sie jetzt vor der Charakterisierung Ihrer Marke. Um ein klares Verständnis davon zu gewinnen, was das ganz praktisch bedeutet, gebe ich Ihnen ein paar erprobte Anregungen, wie Sie gemeinsam im Unternehmen Ihre Marke greifbar machen. Damit können Sie übrigens auch das Ergebnis abklopfen und verfeinern, das Sie von einer Agentur bekommen haben.

Machen Sie in einem Workshop Bildcollagen zu Ihrer Marke, zu den Werten und der Markenpersönlichkeit. Kaufen Sie einen Stapel unterschiedlicher Zeitschriften, in denen viele Bilder sind (z. B. Architektur, Freizeit, Sport, Essen, Auto …). Pro Teilnehmer nehmen Sie drei bis vier Magazine. Am besten eignen sich Gruppen mit bis zu 15 Teilnehmern, dann können Sie drei Kleingruppen à fünf Personen zusammenstellen. Meine Erfahrung ist: Wenn Sie mit Bildern arbeiten, erhalten sie viel schneller ein gemeinsames und einheitliches Verständnis von Ihrer Marke. Meistens gibt es zwei Kategorien von Bildcollagen:

1. »**Das interpretieren wir unterschiedlich.**« Bildcollagen, bei denen ein Teil der Teilnehmer sagt *»So sehen wir die Marke«* und der andere Teil sagt *»Nein, das sind wir nicht, das ist ja nicht bunt und überraschend genug«.*
2. »**Da sind wir uns einig.**« Hier gibt es eine Übereinstimmung aller Teilnehmer. *»Das ist genau die richtige Mischung zwischen überraschend, bunt und kreativ, ohne zu künstlerisch und zu freakig zu sein – das passt.«*

Es ist auch wertvoll, eine Bildcollage zu erstellen mit der Aufgabe »Was sind wir nicht?«. Auch diese Übung fördert das Verständnis für eine gemeinsame Interpretation Ihrer Marke.

„Die Organisationen, die zu wenig Purpose-Orientierung haben, tun sich schwer. Sie verlieren sich in der Beliebigkeit und werden von anderen Geschäftsmodellen, in denen mehr Power zu spüren ist – mehr Sexappeal –, einfach überlaufen.

Tilman Reschke

Weitere hilfreiche Übungen, die Sie in der Gruppe machen können, um Ihrer Markenpersönlichkeit auf die Spur zu kommen:

- Unsere Marke macht eine Party: Wo ist die Party? Wie sieht die Deko aus? Wie sieht die Einladung aus? Was für ein Essen gibt es? Was für Musik läuft? ...
- Unsere Marke ist ein Mensch: Was für ein Typ wäre sie/er? Wie sähe sie/er aus? Wo wohnt sie/er? Wie ist sie/er eingerichtet? Welche Musik hört sie/er? ...

Ich habe bereits angedeutet, dass man nicht die großen Markenartikler kopieren sollte. Doch was man von ihnen lernen kann, ist, wie professionell sie ihre Marken führen. Da wird nichts dem Zufall überlassen. Jede Werbung im Internet, jede Anzeige in einem Magazin, jeder Prospekt, einfach alles wird genau geprüft, ob es die Markenwerte und die Markenpersönlichkeit kommuniziert. Das bedeutet: Entspricht die Typografie, die Farbwahl der Anzeige unseren Werten? Stimmen die Personen? Die Kleidung? Der Habitus? ... Als kleines Unternehmen mag das alles etwas »hochgestochen« klingen, doch dahinter steckt das konsequente Sichtbarmachen Ihrer Begriffe. Wenn Sie die eben vorgeschlagenen Übungen miteinander durchspielen, bekommen Sie ein klares Gespür dafür, wie Ihre Markenpersönlichkeit aussieht – und wie eben nicht. Das macht es allen Entscheidern leicht, zu sagen: *So ist es stimmig!* oder: *Nein, das sind wir nicht.*

5.2 Ihre Markenpersönlichkeit legt fest, wie Sie die Kommunikationsmittel gestalten

Wie läuft der Prozess rund um die Selbstdarstellung, die Werbung und das Marketing üblicherweise ab? Für die Neugestaltung einer Website oder von Prospekten gehen Sie zu einem Grafiker oder lassen sich von einer Agentur beraten. Von dort bekommen Sie einen Vorschlag – oder mehrere, unter denen Sie auswählen können. Was passiert mit diesen Vorschlägen? Oft sind wir stolz auf die kreativen Vorschläge und zeigen diese unseren Kolleginnen und Kollegen oder bringen sie mit nach Hause und präsentieren sie stolz unseren Partnern. Und was fragen wir diese Personen: »Wie gefällt dir der Vorschlag für unsere neue Website?«

Genau das ist die falsche Frage! **Wir wollen, dass die Werte, die uns wichtig sind, kommuniziert werden.** Wir wollen, das bei unserer Zielgruppe ein einheitliches Bild – ein Image – von unserer Marke entsteht wie bei Red Bull. Das kann nur geschehen, wenn wir konsequent unsere Werte, unsere Markenpersönlichkeit, kommunizieren. Ob es allen gefällt, ist zunächst einmal zweitrangig. Wenn wir uns nach allen richten kommt es zu einer »weichgespülten« Lösung, die alle OK finden, aber niemand richtig anspricht.

Deshalb besteht der erste, wichtigste Schritt darin, dass Sie sich über Ihre Werte, Ihren Purpose und Ihre Markenpersönlichkeit klar sind. Nur dann können Sie Ihren Dienstleistern ein eindeutiges Briefing geben. Wie bei einem Hausbau. Als Bauherr müssen Sie wissen, ob es ein Haus für eine Familie mit vier Kindern werden soll oder ein Haus für ein älteres Ehepaar. Der Architekt wird jeweils ein komplett anderes Haus planen. Bei Ihrer Marke ist es genauso: Sie müssen wissen, welche Markenwerte Sie in die Köpfe Ihrer Zielgruppe platzieren möchten. Oder wie es der bekannte Werber Hans Domizlaff bereits 1939 formuliert hat: »Markentechnik … ist die Sicherung einer Monopolstellung in der Psyche des Verbrauchers« (Domizlaff, 2005).

Schreiben Sie diese fundamentalen Informationen also immer ganz oben ins Briefing, wenn Sie rund um Selbstdarstellung und Marketing etwas in Auftrag geben:

- Ihren Purpose
- die für die Marke bzw. Ihren Auftritt relevanten Unternehmenswerte
- Markenwerte, die Sie aus dem Purpose gezogen haben
- Ihre Kernbegriffe zur Markenpersönlichkeit: Wie soll die Marke wahrgenommen werden?

Natürlich gilt das auch für alles, was Sie inhouse erstellen.

5.2.1 Exkurs: Sound Branding zur Schärfung der Markenpersönlichkeit

Sie kennen Jingles im Radio, Markenlogos (wie beispielsweise das von der Telekom), eine spezifische Stimme (wie der »Seitenbacher-Mann«). »Soundscapes« – Klanglandschaften werden entwickelt, damit beispielsweise in einem Verkaufsraum die gewünschte Wirkung unterstrichen wird. Sie wissen: Es geht immer um die emotionale Wirkung. Zu dieser Dimension der Markenpersönlichkeit gehören auch speziell entwickelte, produkteigene Klänge, wie das Geräusch, das ein Keks beim Reinbeißen macht oder der Ton beim Zuschlagen der Autotür.

Ich erwähne das Sound Branding deshalb, weil es für Sie auch hilfreich ist, um die gefundenen Markenwerte firmenintern zu konkretisieren. Wenn Sie sich fragen »Wie klingt das?«, merken Sie schnell, wenn Sie zu glatte, nichtssagende Schlagwörter gefunden haben wie »Ja, unsere Markenwerte sind Innovation, Qualität und ein super Kundenservice.« Tja, und nach was soll das bitte klingen?

Ich erlebe immer wieder, dass es eine wertvolle Übung ist, Marken in Musik zu übersetzen. Denn dann müssen Sie:

- Ihre Markenwerte klar definiert haben,
- ausreichend emotionale – menschliche – Werte haben und
- ein **gemeinsames Verständnis** für die Interpretation dieser Werte haben.

Sobald Sie konkreter werden, wie unser Weingut, das ihre Markenwerte so beschreibt: »vielfältig, bunt, überraschend, kreativ, Entdeckergeist«, können Sie förmlich den Finger drauflegen, wie beispielsweise »überraschend« klingt. Auf jeden Fall nicht langweilig und eintönig, aber wie überraschend darf es sich anhören? An Musikbeispielen lässt sich das ebenso gut diskutieren wie bei den Bildcollagen. Bei manchen Musikstücken ist man sich auf Anhieb einig (*»Ja! Das sind wir!«* oder *»Das sind wir ganz bestimmt nicht!«*) bei anderen ist die Meinung gemischt. Und durch das Begründen nähern Sie sich an und entwickeln ein **gemeinsames und einheitliches Verständnis für Ihre Markenpersönlichkeit** – die Interpretation Ihrer Werte.

Noch eine Nebenbemerkung. Der Grund, warum große Marken so viel Wert auf die Musik legen – also das Sound Branding –, ist, dass wir nicht weghören können, wir können unsere Ohren nicht verschließen. Schauen Sie sich einmal einen Film ohne Ton, nur mit Untertiteln an – eine andere Welt. Steven Spielberg hat einmal gesagt, dass 50 % des Erfolgs seiner Filme auf ihren Sound zurückgeht. Musik geht sofort ins limbische System, unsere Schaltzentrale im Gehirn, wo unsere Emotionen entstehen. Wir können uns der Wirkung von Musik gar nicht entziehen. Da sind wir auch wieder bei den Erkenntnissen der Gehirnforschung, wie wir sie auch beim SCARF-Modell (→ Kap. 4.1.2) und dem hypnosystemischen Ansatz (→ Kap. 4.1.1) kennengelernt haben. Der größte Teil unseres Verhaltens wird auf unbewusster Ebene entschieden. Selbst wenn wir auf willentlicher Ebene etwas umsetzen wollen, reicht das nicht aus. Unser Gehirn hat oft schon entschieden, bevor wir darüber nachdenken.

Spielerisch Ihre Markenpersönlichkeit entwickeln !

Eine weitere sehr empfehlenswerte Methode, um ein gemeinsames und einheitliches Verständnis für Ihre Markenwerte zu schaffen, ist LEGO Serious Play® (LSP). Dabei bauen die Teilnehmer verschiedene Modelle. Anhand dieser Modelle erkennen Sie Gemeinsamkeiten und Unterschiede bei der Interpretation Ihrer Markenwerte. Die Methode eignet sich auch sehr gut für die Abstimmung von Projekten, bei strategischen Ansätzen und allen Themen, die komplex sind und bei denen die Integration von unterschiedlichen Meinungen einen Mehrwert bringt. Der große Vorteil: Alle Beteiligten sind involviert und legen ihre Vorstellungen »auf den Tisch«. Dadurch werden auch die Ideen von eher introvertierten Mitarbeiterinnen und Mitarbeitern sichtbar. Entscheidend ist ein erfahrener Moderator, der die LSP-Techniken souverän beherrscht, ansonsten kann es schnell in eine »Spielstunde« abrutschen. Gut moderiert kann ein LSP-Workshop in kurzer Zeit sehr gute Ergebnisse bringen. Darüber hinaus ist er ein hervorragendes Element um Verbundenheit und Motivation im Team zu stärken.

Kommen wir nun zur praktischen Umsetzung. Es ist wunderbar, wenn alle im Unternehmen den Purpose nicht nur kennen, sondern aktiv daran mitgearbeitet haben. Aber glauben Sie bitte nicht, dass dadurch automatisch allen klar ist, dass – und wie – der Purpose sich auf ihre Kommunikation auswirkt! Darum tauchen wir auf den folgenden Seiten tiefer in vier Bereiche ein:

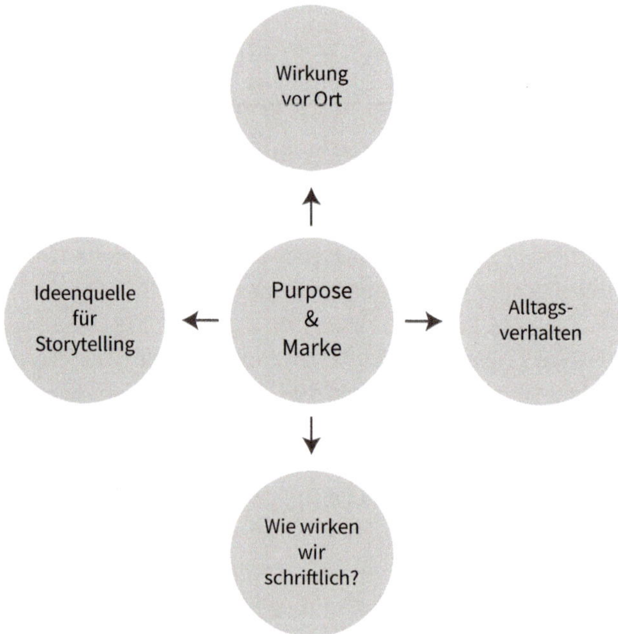

Abb. 7: Purpose und Marke

5.3 Ihre Geschäftsräume – Wie sieht es bei Ihnen aus?

Werte und Purpose bestimmen auch mit, wie es bei Ihnen aussieht: Wie sehen Ihre Räumlichkeiten aus? Dieser Aspekt ist insbesondere wichtig, wenn Sie viel Publikumsverkehr haben – ob Ladenlokal mit Laufkundschaft oder Besuch von Kunden, Lieferanten, Kooperationspartner oder externen Mitarbeitern. Ihre Räumlichkeiten wirken. Ob Sie wollen oder nicht.

Was passiert, wenn man keine eigenständige Markenpersönlichkeit ist, zeigt sich etwa bei Bäckereien. Was ist da in den letzten Jahren passiert? Fast alle Bäckerei-Filialen, die umgebaut wurden, sehen nahezu identisch aus: eine Wand aus Natursteinen, Holztische und meistens Stühle aus Lederimitat. Anscheinend wollen alle etwas mehr Natürlichkeit und »edleres« Ambiente ausstrahlen. Das löst bei mir eher das Gegenteil aus. Da fehlt der persönliche Charakter, die Echtheit und es wirkt austauschbar. Da ist mir die Bäckerei bei uns im Nachbardorf lieber. Originaleinrichtung aus den 60er Jahren. Das will nicht nur echt wirken, sondern es ist authentisch. Wochenendbesucher, die aus Frankfurt in den Steigerwald fahren, sind ganz begeistert. Da vertraue ich dem Bäcker, dass er die Backwaren noch selbst herstellt.

Ich glaube, ich muss rund um die Geschäftsräume gar nicht mehr viel erklären, sondern Ihren Fokus darauf lenken und Sie anregen, einmal gezielt mit allen Sinnen durch Ihre Räume zu gehen:

- **Wie wirkt es, wenn man zu uns kommt?** Schon wenn man in unsere Straße einbiegt bzw. das Gebäude betritt? Je nachdem, wo Ihre Geschäftsräume liegen, können Sie erst ab einem bestimmten Punkt des Weges beeinflussen, wie Ihr Firmensitz wirkt. Doch oft lässt sich schon vor den eigentlichen Räumen etwas optimieren mit einer guten Beschilderung, mit entsprechendem Design von Fassade, Hausflur, …
- **Was sieht ein Besucher als Erstes, wenn er bei uns zur Türe hereinkommt?** Das ist der wichtige erste Eindruck: Gehen Sie einmal ganz bewusst und mit möglichst neutralem Blick zur Tür herein (oder, wenn Ihnen das schwerfällt, weil Sie schon jahrzehntelang im Familienunternehmen arbeiten, fragen Sie Leute, die zum ersten Mal da waren, bzw. laden Sie gezielt Bekannte mit dieser Aufgabe ein). Erinnern Sie sich an die falsche Frage zur Werbegestaltung, das *Wie gefällt es dir?* – Darum geht's nicht! Es geht um die Wirkung. Das, was Sie als Erstes sehen und fühlen, die Atmosphäre, ist relevant. Und ja, dazu gehört die Frage, ob Personal am Eingang sitzt, wie der Eingangsbereich gestaltet ist, wie die Mitarbeiter wirken und sich verhalten, wenn ein Besucher das Unternehmen betritt. Wie ordentlich oder chaotisch der Eingangsbereich aussieht (weil überall Zeug rumsteht, sich Papier stapelt – oder das genaue Gegenteil, alles total glatt, eher unpersönlich ist). Möbel, Farben, Licht, Freiräume, … Checken Sie gegen, was Sie sich auf die Fahnen schreiben, dann fallen Diskrepanzen sofort ins Auge.
- **Welche Wege geht ein externer Besucher bei uns?** Bei manchen Geschäftsräumen kommen Besucher direkt in einen Meetingraum. Bei anderen werden Externe durch die Firma geführt (vergessen Sie die Toiletten nicht). Wann immer Sie durch eine Firma gehen, schnappen Sie auf, was um Sie herum ist. Meistens benennen wir das nicht konkret, außer es ist sehr intensiv. Wenn also eine Atmosphäre sehr herzlich ist, fällt dies besonders auf. Ebenso teilt sich mit, wenn die »Luft zum Schneiden« ist, weil man das Gefühl bekommt, hier verträgt sich keiner, hier gibt's Probleme. Doch bei unserer Besichtigung geht es selten um solche Extreme, sondern es geht darum, ob Sie Ihre Werte und den Purpose vertrauenswürdig vertreten: Gestaltung der Räume, Zustand der Möbel, verwendete Farben oder Accessoires, Lichtverhältnisse, Umgang der Leute miteinander, die man im Vorbeigehen trifft, … all das wirkt. Und wenn ich jetzt sage »Wir sind so sorgfältig und pedantisch in unserer Arbeit«, aber beim Weg durch die Firma sehe ich überall unordentliche Schreibtische, dann ist der Purpose ein bloßes Lippenbekenntnis. Wenn ich mir die Diversität der Mitarbeiterinnen und Mitarbeiter auf die Fahnen schreibe, aber beim Gang durch die Firma sehe ich in einer großen Abteilung nur junge Männer, ist die Glaubwürdigkeit unterminiert. Wenn auf der Website davon gesprochen wird, dass »wir buchstäblich eine Familie« sind, die herzlich und voller Engagement miteinander arbeitet, ich aber im Vorbeigehen lauter verschlossene Bürotüren sehe, die von einem grauen Laminatflur abgehen, stimmt etwas nicht.

Werte und Purpose sind wertvolle Ideengeber. Wie können wir das, was wir vermitteln wollen, in die Gestaltung unserer Büroräume und in der Wirkung bei Besuchern einfließen lassen? Die Einrichtung, welche Möbel Sie wie zueinander stellen, Farben, Licht, Pflanzen, Bilder – aber eben auch der beiläufige Eindruck, den man bekommt, wenn man bei uns reinkommt und durch die Firma geht, den auch die Menschen bestimmen (zum direkten Kundenkontakt kommen wir in Kapitel 5.4.3 ausführlicher).

Werte und Purpose sind aber auch Korrektoren: Wo ist eine Diskrepanz? Wo unterminieren wir unseren Charakter und unsere Haltung? Wo konterkarieren wir ihn vielleicht sogar?

Wie Sie am Beispiel der Bäckerei gesehen haben, geht es nicht darum, alles zu erneuern. Gerade Familienunternehmen haben oft eine lange Geschichte. Die Mitarbeiterinnen und Mitarbeiter sind ihre Räume einfach so gewohnt, man schaut oft gar nicht mehr bewusst hin – und wenn, dann kann es sehr gut sein, dass sie das, was ist, lieben und bewahren möchten. Das sollen sie auch! Nur ist es ein Unterschied, ob sie etwas bewusst erhalten, es wertschätzen und das Drumherum optimieren – oder ob sie etwas einfach nicht auf dem Schirm haben.

! **Denken Sie an Ihre Mitarbeiterinnen und Mitarbeiter!**

Auch wenn wir in diesem Kapitel speziell über die Bedeutung der Außenkommunikation sprechen, ist Glaubwürdigkeit in Ihr Unternehmen und die Marke natürlich ebenso *innerhalb* der Belegschaft relevant.
Wenn die Unternehmenswerte »ach-so-fortschrittlich« daherkommen, aber die technische Ausstattung mehrere Jahre hinterherhinkt, rollen Mitarbeiter mit den Augen. Wenn Purpose und Kommunikation nach außen lebendig-bunt ist, aber die Mitarbeiter in drögen »Kabäuschen« sitzen, gibt es eine ungute Schere. Noch so edle Veränderungsziele und Markenanstrengungen nützen nichts, wenn sich die Mitarbeiterinnen und Mitarbeiter hintangestellt oder gar veräppelt fühlen. Von der Wirkung auf neue Mitarbeiter, die für ein Jobinterview zu Ihnen kommen, gar nicht zu reden.

5.4 Die Marke im Alltag leben und stärken – Das Mitarbeiterverhalten

Kunden (und Geschäftspartner) reagieren nicht auf reine Werbesprüche – es sei denn, Worte und Taten klaffen auseinander, dann reagieren sie auf jeden Fall negativ. Kunden reagieren äußerst positiv auf Echtheit. Denn Unternehmen, die echt sind, sind sympathisch und glaubwürdig.

Taten sagen immer mehr als Worte. Doch es gibt meist eine große Diskrepanz zwischen dem Wunsch, wie ein Unternehmen wirken möchte, und der Tatsache, wie es sich im schnöden Alltag wirklich verhält. Das liegt vornehmlich an drei Faktoren:

1. Die Mitarbeiter arbeiten vor sich hin und achten einfach nicht auf ihre Wirkung.
2. Das Unternehmen hat seine Werte und das Warum nicht definiert, sie mögen irgendwo festgehalten sein, aber praktisch passiert nichts damit.
3. Es gibt einen klaren Purpose, die Belegschaft kennt die Werte, hat aber kein Bewusstsein davon, was das im täglichen Verhalten bedeutet.

Die **Unternehmenskultur**, also die Frage, wie alle Mitarbeiterinnen und Mitarbeiter sich untereinander verhalten, gehört natürlich dazu! Die Frage, wie wir miteinander umgehen, bringt die gemeinsam definierten Werte und das Warum zum Leben. Wenn Sie gezielt für eine förderliche Kultur eintreten, wie wir das in Kapitel 4 intensiv besprochen haben, wirkt sich das bereits auf das Verhalten aller aus – und das beeinflusst positiv das Verhalten nach außen: Geben Sie Ihren Mitarbeitern beispielsweise einen klaren Handlungs- und Entscheidungsrahmen, können diese viel engagierter und unkomplizierter im Sinne des Kunden handeln.

Lassen Sie uns jedoch ein wenig tiefer in den dritten Faktor einsteigen: das Bewusstsein für das Verhalten im Alltag.

»Es geht auch darum, mit wem wir unsere Werte umsetzen können. Wie arbeiten unsere Partner? Haben sie nachhaltige Prozesse? Sind sie sozial eingestellt? Wir stoßen teilweise auf Unverständnis, weil wir nicht mit allen Partnern zusammenarbeiten.«

Julian Lechner, Gründer Kaffeeform

5.4.1 Ihre verhaltensrelevanten Werte ermitteln und in Wir-Sätze umwandeln

Zunächst gilt es, aus Ihrem Warum die verhaltensrelevanten Werte zu ermitteln und deutlich zu machen. »Verhaltensrelevant« heißt: Sie filtern diejenigen Aspekte heraus, die man bei Kontakten mit der Außenwelt (mit potenziellen und bestehenden Kunden, Lieferanten, Geschäftspartnern, ...) erkennen kann. Das klingt etwas abstrakt, nicht wahr? Genau darum ist es wichtig, diesen Schritt gemeinsam mit Ihren Mitarbeiterinnen und Mitarbeitern intensiv zu besprechen. Nur so können alle dafür sorgen, dass Sie Ihr Warum und Ihre Marke im Tagesgeschäft mit Leben erfüllen – und nicht versehentlich die Glaubwürdigkeit sabotieren.

Der Vorteil dieser Vorgehensweise ist, dass Sie durch den folgenden Prozess für Ihre Mitarbeiter Klarheit schaffen: Was ist uns wichtig, wo ist mein individueller Rahmen, in dem ich mich bewegen kann? Dadurch ergibt sich eindeutig, was erwünscht ist und wozu Sie ermutigen, aber auch, was gar nicht geht. Natürlich setzt das auch eine eindeutige Messlatte für »die Firma« und die Führungskräfte.

Beispiel 1: Das Weingut

Die Ausgangsbasis ist wieder unsere kleine Gegenüberstellung der Unternehmenswerte, der Markenwerte, die Sie aus Ihrem Purpose extrahiert haben, und Ihrer Markenpersönlichkeit. Schauen wir uns das ganz praktisch anhand des Weingutes und einer Schraubenfirma an.

!

Der Purpose des Weinguts

Unsere Leidenschaft gilt der Vielfalt der Weine. Durch den Verschnitt von Rebsorten können wir immer wieder überraschende Weine kreieren. Wir möchten die unendliche Welt der Rebsorten lebendig machen, sind fasziniert davon, Neues auszuprobieren und unsere Kunden mit unbekannten Weinerlebnissen zu verführen.

Wichtigste Unternehmenswerte	Markenwerte (abgeleitet aus dem Purpose)
• Teamerfolg • Kooperation • Toleranz • Offenheit • Harmonie • Produktivität • Verantwortung • Individualität	• Abwechslung • bunt • Lebendigkeit • Überraschung • Kreativität • Neugierde • Mut

↓

Markenpersönlichkeit: Wie soll das Weingut bzw. die Weine wahrgenommen werden?
vielfältig, bunt, überraschend, kreativ, Entdeckergeist

Im nächsten Schritt ziehen wir die Kernwörter heraus, die das Verhalten direkt beeinflussen, und lassen Doppelungen, also Begriffe, die in die gleiche Richtung gehen, fort. Dann bleibt die Essenz übrig:

- Wir kooperieren.
- Wir sind neugierig, offen und tolerant.
- Wir experimentieren.
- Wir forschen und entdecken.
- Wir sind mutig und kreativ.
- Wir überraschen.

Beispiel 2: Das Familienunternehmen Schrauben & Co.
Zum Vergleich ein weiteres, völlig anders gelagertes Beispiel: Ein kleines Familienunternehmen stellt Schrauben & Co. her. Einer ihrer Geschäftszweige ist die Mobilitätsbranche, also Fahrräder, Roller etc.

Der Purpose der Firma Schrauben & Co. !

Wir halten die Dinge buchstäblich zusammen. Ohne uns als Verbindungsglied ist Mobilität nicht möglich. Dabei liegt unser Fokus auf »kinderleicht« und »narrensicher«, damit wir Sicherheit garantieren und sie nicht dem Zufall überlassen. Das große Ganze ist wichtig: Wir sorgen uns um Menschen, um Verkehrssicherheit und Gesundheit. Und weil shit happens, kümmern wir uns – wir sind Pedanten – wir machen keine Kompromisse!

Wichtigste Unternehmenswerte	Markenwerte (abgeleitet aus dem Purpose)
• klare Regeln und Prozesse • konservativ • Wir kümmern uns. • verlässlich • Rundumblick • sorgfältig bis pedantisch • Lieber einmal zu viel geprüft, als zu wenig. • Loyalität	• verbinden und zusammenhalten • eindeutig • nicht nur einfach, sondern kinderleicht • nicht nur sicher, sondern narrensicher • zuverlässig • vorsichtig und vorausschauend • wohlbehalten

↓

Markenpersönlichkeit: Wie wollen wir / Wie soll unsere Technik wahrgenommen werden?
einfach, verlässlich, sorgfältig, vorausschauend, ohne Schnickschnack, nicht modisch

Wenn wir uns wieder auf die Kernwörter konzentrieren, die das Verhalten direkt beeinflussen, und Doppelungen fortlassen, erhalten wir einen verhaltensrelevanten Kern:

- Wir verbinden, halten zusammen.
- Wir verhalten uns und handeln eindeutig.
- Unser Fokus ist auf »kinderleicht« und »narrensicher« = Wir sind unkompliziert.
- Wir sind verlässlich und vorausschauend.
- *Shit happens* – Wir kümmern uns mit Rundumblick.
- Wir sind sorgfältig bis pedantisch.
- Wir machen keine Show, eigentlich sind wir etwas langweilig.

Wie wirkt das auf Sie? Langweilig? Ich glaube nicht, so etwas wirkt echt, es ist nicht aufgesetzt, keine künstliche Fassade, sondern hier spüren wir ein authentisches Unternehmen. Es ist viel einfacher, andere zu kopieren, als den anstrengenden – eigenen – Weg zu gehen. Doch selbst im Idealfall kopieren Sie nur die Oberfläche einer anderen Marke, nie aber die lebendige Identität eines Unternehmens.

!

DIGITALE EXTRAS

Impuls und Reflexionsübung

So ermitteln Sie die verhaltensrelevanten Kriterien

Jetzt sind Sie dran! Ermitteln Sie nun Ihre verhaltensrelevanten Kriterien und formulieren Sie sie in klaren Wir-Sätzen. Das können Sie entweder auf Inhaber- bzw. Geschäftsleitungsebene tun, gemeinsam mit Ihrem mittleren Management oder im Idealfall mit allen Mitarbeiterinnen und Mitarbeitern – abhängig von der Größe Ihres Unternehmens. Da die Wir-Sätze sich explizit aus den zuvor mit Ihren Mitarbeitern erarbeiteten Kernwerten und dem Purpose ergeben, destillieren Sie hier lediglich und machen die – aus Ihrer Führungssicht – relevanten Leitsätze deutlich.

Sie können dafür wieder ein Formular herunterladen, das Sie bei den digitalen Extras zum Buch finden: mybook.haufe.de.

Auf dem von mir bereitgestellten Formular sehen Sie, dass es maximal sieben Sätze werden. Vielleicht sind es bei Ihnen drei, vielleicht sind es fünf. Mehr als sieben sollten es nicht sein, denn sonst wird es zu unübersichtlich. Keep it simple! – Dampfen Sie die verhaltensrelevanten Kriterien ruhig ein und entscheiden Sie sich bei ähnlichen Begriffen für die stärkste Aussage, aber schreiben Sie kein Regelwerk, sondern entscheiden Sie sich für kurze, klare Wir-Sätze.

Jetzt könnte man sagen »*Ja super, so eine Auflistung, wie wir sind und handeln ist greifbar. Das hängen wir uns jetzt an die Pinnwand, und gut ist‹s.*« Damit ist es natürlich nicht getan, denn – wie wir alle wissen – reicht ein Ziel nicht aus, nicht einmal, wenn es motiviert. Zur Umsetzung braucht es konkrete Anhaltspunkte: Was bedeutet das Ziel für mich selbst? Was brauche ich dafür? Vor allem müssen wir in einigen Aspekten gegen unsere bisherigen Gewohn- und Gepflogenheiten arbeiten. Derlei Veränderungen sind nicht immer einfach, weil wir unterschiedliche Persönlichkeiten sind und weil wir alle mit bestimmten Gegebenheiten arbeiten müssen. Selbst wenn Sie gerade engagiert neue Seiten aufziehen und alle motiviert sind, sich und die Firma weiterzuentwickeln, ist das ein Prozess. Damit dieser Prozess für alle Beteiligten einfacher vonstatten geht, hilft es, konkret zu werden. Damit schaffen Sie die Rahmenbedingungen und unterstützen sich gegenseitig dabei, Ihr Warum zu leben.

5.4.2 Was heißt das für mein Verhalten? So füllen Sie die Wir-Sätze mit Leben

Nun geht es auf die Mitarbeiter-Ebene, um aufzuzeigen, wie sich die Wir-Sätze aus dem Purpose-Prozess ergeben. Ihr Wunsch, das Unternehmen auf die nächste Entwicklungsstufe zu bringen, und der angestoßene Kulturwandel wird durch die Wir-Sätze insofern unterstützt, als Sie Ihren Mitarbeiterinnen und Mitarbeitern direkt Eigenverantwortung schenken, indem Sie mit den Wir-Sätzen einen Handlungs- und Entscheidungsspielraum abstecken.

Die wenigen klaren Wir-Sätze, die Sie definiert haben, sind also der Guide. Auf dessen Basis ergibt sich praktisch automatisch, wie die Herangehensweise und das Verhalten konkret aussehen sollen – und wie nicht. Um zu illustrieren, wie umfassend so ein Wir-Satz in seinen verhaltenspraktischen Konsequenzen reichen kann, stellen Sie sich vor, ein Unternehmen definiert nur einen einzigen für das Unternehmen relevanten Satz:

Wir gehen respektvoll miteinander um.

Mehr nicht.

Das klingt schön und so gut wie jeder Mensch wünscht sich das. Darum wird auch jeder diesen Satz spontan begrüßen. Doch so ein Satz ist gleichzeitig recht farblos. Greifbar wird er erst, wenn Sie ihn – beispielsweise in einzelnen Abteilungen oder gemischten Workshop-Teams – konkretisieren: Was heißt das für unseren Alltag, intern und bei Außenkontakten am Telefon, in persönlichen Gesprächen, wenn Besucher kommen, wir mit einem Lieferanten verhandeln …?

In einem Brainstorming kommen beispielsweise folgende Aussagen zusammen:

- Wir sagen »bitte« und »danke«.
- Wir nehmen Rücksicht darauf, dass es auch andere Blickwinkel und Meinungen gibt.
- Wir schenken einem Gesprächspartner unsere volle Aufmerksamkeit.
- Wir treffen nicht Entscheidungen über den Kopf desjenigen, den es betrifft.
- Wir werten niemanden ab, z. B. durch demonstratives Geseufze, Augenrollen, Wegdrehen oder ähnliche Verhaltensweisen.
- »Ehre wem Ehre gebührt« – Wir bedanken uns. Wir nennen die Quelle einer Idee.
- Wir berücksichtigen, dass nicht jeder immer top drauf ist und legen nicht alles auf die Goldwaage.
- Wir würgen niemanden ab. Wir unterbrechen nicht.
- Wir fragen nach, statt zu spekulieren.
- Bei Animositäten und Streit gehen wir aufeinander zu, statt den Streit schwelen zu lassen.
- Wir reden nicht hinter dem Rücken von Leuten, die nicht da sind.
- Wir unterstützen uns, wenn jemand etwas nicht weiß oder überfordert ist.
- Wir lästern nicht.
- Wir können uns entschuldigen.

In dem Moment, in dem Sie Ihre Mitarbeiterinnen und Mitarbeiter gemeinsam anregen, den Wir-Satz zu konkretisieren, gehen die Lichter so richtig auf. Dann kann an der Pinnwand tatsächlich der einfache Satz stehen »*Wir gehen respektvoll miteinander um*« – und dieser kann sich automatisch in den Köpfen aller Mitarbeiterinnen und Mitarbeiter festsetzen. Es braucht die näheren Definitionen und Erläuterungen nicht mehr! Es ist nur wichtig, die Purpose-Formulierung einmal konkret in allen Köpfen lebendig werden zu lassen. Und Sie sehen, wie weitreichend sogar ein einzelner Wir-Satz das gesamte Verhalten der Mitarbeiter verändern kann. Schauen Sie sich einfach das Brainstorming daraufhin an, wie sich das auf das Verhalten gegenüber Kunden auswirkt, alleine wenn die Mitarbeiter nur den Wir-Satz beherzigen. Wie sich Telefongespräche und E-Mails anders anhören – ebenso wie die firmeninterne Zusammenarbeit, etwa wenn es darum geht, eine Anfrage oder das Problem eines Kunden zu lösen.

Verhält sich jeder auf einmal respektvoll, nur weil ihm einleuchtet, was das bedeutet? Nein. Weil wir alle Menschen sind. Weil wir Gewohnheitstiere sind, weil wir an etwas nicht denken, weil wir gerade nicht aus unserer Haut können, weil wir genervt sind oder uns etwas belastet, weil wir heute keinen guten Tag haben oder weil uns das Gegenüber vor den Kopf gestoßen hat und es unter all diesen Bedingungen schwerfällt, im entscheidenden Moment, respektvoll zu sein.

Alles beginnt mit dem Bewusstsein und dem Wollen

Nur wenn wir etwas wahrnehmen, können wir entsprechend (re)agieren. Zunächst gilt es also, die Wahrnehmung zu schärfen, den Wir-Satz handfest zu definieren. Der Rest ist ein Lernprozess. Es wird immer wieder passieren, dass wir nachträglich merken: »*Ups, das war jetzt nicht gerade respektvoll!*« – Gut, dass es aufgefallen ist! Kann ich an der misslichen Situation noch etwas verbessern, mich etwa entschuldigen und anders handeln – oder ist das in dem Fall nicht mehr möglich, fühle ich mich vielleicht noch nicht in der Lage dazu? Kein Problem: Wie möchte ich mich idealerweise das nächste Mal in einer solchen Situation verhalten? Wie wir in Kapitel 4.2 zur Fehler- und Lernkultur besprochen haben, können Sie als Führungskräfte sehr viel dafür tun, damit Ihre Mitarbeiterinnen und Mitarbeiter verstehen, dass es nicht darum geht, »von Jetzt auf Plötzlich« unser Verhalten zu verändern. Es geht zuerst um das richtige Bewusstsein, die Einstellung, unser Wollen und darum, uns immer weiter zu verbessern.

Mein Tipp: Gerade wenn Sie den Purpose-Prozess abgeschlossen haben, vereinbaren Sie regelmäßige Treffen mit Ihren Mitarbeiterinnen und Mitarbeitern und reflektieren gemeinsam:

- Welche Erfahrungen machen wir mit der Umsetzung von unserem Purpose und unseren Werten?
- Was sind positive Beispiele?
- Was hilft uns bei der Umsetzung?
- Wo sind wir noch unklar oder unsicher?

5.4.3 Was heißt das ganz konkret für meine Arbeit?

Es gibt eine weitere, sehr wertvolle Konkretisierungsebene Ihrer Wir-Kriterien, und zwar bezogen auf konkrete Touchpoints, also alle Berührungspunkte mit Ihren Kunden – sei es schriftlich, telefonisch oder im persönlichen Gespräch. Sie können dabei anlassbezogen Ihre Prozesse und das Verhalten optimieren.

Das ist ein intensiveres Projekt, wenn Sie es auf bestehende Abteilungen oder Abläufe anwenden wollen. Das Gute: Sie können jederzeit an irgendeiner konkreten Stelle anfangen und die Aufmerksamkeit dorthin richten. Es ist also viel besser, wenn Sie einen konkreten, typischen Berührungspunkt mit Ihren Kunden herausgreifen, z. B. »Ein Interessent fragt an« oder »Ein Kunde will ein Angebot«.

Tipp: Bitten Sie einen Ihrer Mitarbeiter um die Ausarbeitung der im Folgenden dargestellten Touchpoint-Analyse. Wenden Sie sich dabei an jemanden, der interessiert ist, sich gerne darum kümmert und von dem Sie wissen, dass er einen guten Rundumblick hat (»gelbe Fähigkeiten« im Sinne des Spiral-Dynamics-Modells sind optimal, aber keine Voraussetzung). Alternativ können Sie eine kleine Arbeitsgruppe bilden, die dann die Ergebnisse präsentiert, bevor sie allgemein besprochen werden.

Schritt 1: Sie wählen einen konkreten Anlass für einen Außenkontakt
Ich entscheide mich für unser Beispiel um den Anlass »Ein Kunde will ein Angebot«. Klar können Sie sich mehrere Anlässe vornehmen. Wenn Sie sagen: Ja, wir müssen dringend den Vertrieb optimieren, dann wählen Sie einfach die Hauptanlässe aus. Oder wenn Sie merken: Wir haben das größte Problem mit dem Beschwerdemanagement, dann fassen Sie dieses in Worte, z. B. »Der Kunde ist unzufrieden wegen zu langer Lieferzeit«, »Der Kunde hat das Falsche geschickt bekommen«, »Der Kunde will die Rechnung nicht zahlen«.

Schritt 2: Sie definieren die konkreten Berührungspunkte, bis dieser Kontakt abgeschlossen ist
Bei diesem Schritt legen Sie komplette Stationen oder Einzelschritte fest, die nötig sind, bis dieser Prozess abgeschlossen ist. Dazu gehört die Frage, wer sonst involviert ist. Wenn Sie einzelne Produkte verkaufen, die Sie je nach Stückzahl vom Lager verschicken, sieht der Prozess anders aus, als wenn Sie individuelle Software programmieren oder für einen Kunden eine Telefonanlage planen. Entsprechend sind möglicherweise weitere Abteilungen involviert oder Ihre Leistung ist so komplex, dass Sie Angebote nur nach dem Vier-Augen-Prinzip rausgeben.

Bilden Sie den gesamten Ablauf ab, damit jeder Schritt erfasst ist. Ich skizziere das Prinzip:

E-Mail-Anfrage des Kunden kommt	→	nachfragen (in der Regel fehlen Angaben, die nötig sind, um ein Angebot abzugeben)	→	machbare Termine zu Lieferung, Installation erfragen	→	Angebot schreiben und zurückmailen	→	nach einer Woche telefonisch nachfragen

Achtung! Es kann sein, dass sich der Ablauf etwas anders gestaltet, je nachdem, wie die Anfrage reinkommt. Vielleicht arbeiten Sie mit einem Außendienstler, der Anfragen generiert und diese an Ihren Innendienst weiterleitet, der dann wiederum direkt mit dem Kunden … – bilden Sie also zunächst den relevanten Prozess ab.

Schritt 3: Wenden Sie den Wir-Satz auf diesen Prozess an. Was bedeutet das?
Idealerweise arbeiten Sie alle Ihre zuvor definierten Wir-Sätze durch. Je nachdem, welchen Prozess Sie ausgewählt haben, sind alle relevant oder nur eine Auswahl. Doch Sie brauchen gar nicht das perfekte Fass aufzumachen. Es bewirkt bereits eine Menge, wenn Sie sich zunächst auf einen einzigen fokussieren. Lieber kleine Brocken verändern und diesem Ihre volle Aufmerksamkeit widmen, als zu viel auf einmal abzubeißen. Entscheidend ist immer das Tun!

Nehmen wir den folgenden Wir-Satz unserer Schraubenfirma:

Wir sind unkompliziert.

Sie können nun jeden ermittelten Kontaktpunkt daraufhin abklopfen:
- Stimmt das?
- Wo und wie können wir uns verbessern?

Je nachdem, worum es geht, kann es sein, dass die Lösung einfach ist. Zum Beispiel gibt es nach wie vor kleine Firmen, die nur ein gesamtes E-Mail-Postfach für alle haben oder einen Sammelposteingang bei der Teamassistenz. Wenn also eine weitere Person zwischen dem Erhalt eines Angebotes und der Person, die sie bearbeitet, steht, ist das nicht unkompliziert! Das lässt sich schnell durch ein individuelles E-Mail-Postfach lösen und einer Information auf der Website, wer der Ansprechpartner ist und die Anfrage bearbeitet.

Jetzt kann es aber natürlich sein, dass Sie auf ein Problem aufmerksam werden: »*Mist! Ich gebe die Daten in unser Warenwirtschaftssystem ein und das spuckt mir ein fertiges Angebot als PDF aus. Leider ist das Angebot aber total wirr, viel zu lang, unübersichtlich und seitenweise hängt Kleingedrucktes standardmäßig mit dran.«* – Das ist nicht unkompliziert, lässt sich aber nicht ohne Weiteres verändern.

Die Frage ist dann: Wie gehen wir damit um? Können wir Design und Inhalte des in der Software hinterlegten Dokumentes ändern? Wenn das nicht vollständig möglich ist, dann lässt sich vielleicht das Bestehende so gut es geht vereinfachen. Oder, wenn das nicht geht: Wie können wir **trotzdem** eingreifen, etwa indem wir das Dokument nicht wortlos anhängen, sondern alles Wesentliche klar verständlich in einer Übersicht beigeben.

Fast in jedem Prozess spielt Zwischenmenschliches eine Rolle: Wenn andere Menschen beteiligt sind, weil ein Kollege eine Info liefern muss oder eine Abteilung einen Beitrag leistet, geht es in der Regel über formelle Lösungen hinaus. Vielleicht manifestiert sich eine Front zwischen Produktion und Vertrieb, vielleicht ist deren Kommunikation alles andere als unkompliziert, weil es von vornherein Streit über Machbarkeit und Preise gibt. Doch auch für solche komplexen Situationen steckt die Lösung in Ihren Werten und dem Purpose: Die Wir-Sätze liegen sozusagen auf einer Metaebene: Wenn ich feststelle: Immer wenn wir ein Angebot erstellen, gibt es intern Hickhack, ist die Frage: Was brauchen die Beteiligten – oder was wünschen sie sich –, damit sie aus ihrer Sicht unkomplizierter ihren Beitrag leisten können? (→ Kap. 4)

In dem Moment, in dem Sie ein konkretes Ziel definieren – etwa »*Wie machen wir jeden Kontaktpunkt im Angebotsprozess* ***unkomplizierter*** *(für unseren Kunden, aber auch für uns)?*« –, sprudeln die Ideen! Es gibt eine klare Orientierung, die noch dazu motiviert, denn wir halten, was wir versprechen. Ganz nebenbei machen wir unsere Arbeit befriedigender … und unkomplizierter.

Je nach Wir-Kriterium, das Sie für sich beanspruchen, fallen die Ideen anders aus. Wenn das Ziel ist »*Wir kooperieren. Wir sind eindeutig. Wir überraschen*«, treten andere Wirkungen in den Vordergrund. Wenn ich im Angebotsprozess als Unternehmen die Frage stelle: »*Wie können wir unseren (potenziellen) Kunden überraschen, wenn er ein Angebot stellt*«, dann kann ich seine Erwartungen übertreffen, indem ich etwa besonders prompt bin, indem ich eine Probe hinschicke, indem ich ein Zuckerl dazugebe, indem ich – etwa bei komplexen Leistungen – eine für ihn nützliche Checkliste vorbereite, welche Angaben wir für ein gutes Angebot brauchen oder wie der Projektablauf aussehen kann. Ich kann von der Gestaltung überraschen, indem ich ein besonders übersichtliches Layout wähle oder ein in der Branche unübliches Vorgehen aufzeige.

Jedes Unternehmen ist anders. Darum füllen Sie Ihre Wir-Sätze anders mit Leben, als es Ihre Mitbewerber tun. Zumindest dann, wenn Sie konkret werden und Vorschlägen Freiraum geben.

5.5 Exkurs: Skalenabfrage

DIGITALE EXTRAS

Ich habe noch eine simple Methode für Sie, falls Ihnen die Detailarbeit gerade zu viel ist, Sie aber dennoch Ihre Wir-Sätze bereits einsetzen möchten. Erstellen Sie für jeden Ihrer Wir-Sätze ein Arbeitsblatt. Eine Blanko-Version können Sie sich auf mybook.haufe.de herunterladen.

Es gibt zwei Varianten, die Sie bitte getrennt an Ihre Mitarbeiterinnen und Mitarbeiter verteilen:

- **Eine Skaleneinschätzung, die die gesamte Abteilung betrifft.** Die möchten Sie auf jeden Fall zurück haben.
- **Eine individuelle Einschätzung dazu, wie sich der Mitarbeiter selbst sieht**. Sagen Sie deutlich, dass Sie sich freuen würden, wenn jeder Mitarbeiter sich selbst einschätzt, es aber völlig frei entscheiden kann, ob er dieses persönliche Blatt an die Führungskraft weitergeben möchte. Es genügt vollkommen, wenn Ihre Mitarbeiterinnen und Mitarbeiter sich im stillen Kämmerlein Gedanken über sich selbst machen und darüber, was sie brauchen. Bewusstsein ist, wie gesagt, der erste Schritt, damit sich etwas verändert. Es wird Mitarbeiter geben, die Ihnen ihre Selbsteinschätzung gerne zurückgeben, damit Sie sie unterstützen oder um Sie als Führungskraft (bzw. das gesamte Unternehmen) in die Pflicht zu nehmen. Oft müssen wesentliche Voraussetzungen auf Unternehmensseite geschaffen werden, damit die Mitarbeiterinnen und Mitarbeiter eigenverantwortlich handeln können.

Das könnte dann beispielsweise so aussehen:

Wir-Satz: Wir sind mutig und kreativ.

absolut	10		**Begründung:**
	9		
	8		
	7		
	6		
	5		
	4		
	3		
	2		
gar nicht	1		

Ich-Satz: Ich bin mutig und kreativ.

absolut	10		**Begründung:**
	9		
	8		
	7		
	6		
	5		
	4		
	3		
	2		
gar nicht	1		

5.6 Wie wirken Sie schriftlich? – Korrespondenz und Social Media

Lassen Sie uns in diesem Abschnitt separat darauf eingehen, was man von Ihnen liest: die schriftlichen Touchpoints. Auch wenn alles, was wir hier besprechen, unabhängig vom gewählten Medium ist (persönliches Gespräch, Telefon, Internet, Social Media, Postweg), hat das Schriftliche doch eine eigene Problematik. Hier ist ein Text der Stellvertreter. Es ist kein Mitarbeiter dabei, der heraushören oder beobachten kann, wie etwas beim Gegenüber ankommt.

Ihre Wirkung wird maßgeblich beeinflusst von dem, was andere von Ihnen lesen:

- **Was und wie Sie es sagen**
  Kommen Sie zum Punkt, schreiben Sie schlüssig und eindeutig, verwenden Sie einen antiquierten Hauptwörterstil, distanzierte Formulierungen oder Fachjargon? Äußern Sie einen klaren Standpunkt? Oder eiern Sie herum, schwächen ab oder verzögern? Das sind nur einige Aspekte, die Ihre gewünschte Wirkung entweder unterstreichen – oder unterminieren. Dazu muss ich sagen, dass die allermeisten von uns schriftlich nüchterner und distanzierter auftreten. Wir haben es gelernt, dass Geschäftspost »hochgestochener« und korrekter klingen sollte, es gibt feste Floskeln und oft Musterbriefe, die irgendwann einmal erstellt wurden und seitdem immer wieder unverändert genutzt werden. *Es ist doch nur der Text auf der Auftragsbestätigung, Rechnung, Mahnung, dem Akquisebrief, die vorgedruckte Weihnachtskarte …!*

Gerade Musterbriefe sind oft äußerst unpersönlich, weil die Menschen, die die Vorlagen erstellen, es nicht besser wissen oder schlichtweg nicht auf die Wirkung achten (etwa wenn ein Programmierer die Textbausteine für Lieferscheine oder Rechnungen hinterlegt). Die meisten Mitarbeiter können Nachhilfe im Schriftdeutsch gebrauchen, denn persönlicher formulierte Briefe fallen den meisten schwer. Dabei steigt neben der Wirkung auch die Eindeutigkeit. Es kommt zu weniger Nachfragen und Missverständnissen. Denken Sie an das Hartman-Werte-Profil und die menschliche Wertedimension (→ Kap. 1). Bewerten Sie danach Ihre Kommunikation. Wie empathisch ist sie?

Fun Fact: Die Schriftgröße und Gestaltung von Schriftstücken, insbesondere bei rechtlich verbindlichen Informationen – etwa AGB und Datenschutz –, zählen dazu. Schlecht verständlicher, mehrseitiger Text oder Fußnoten in 5-Punkt-Größe sind nicht nur alles andere als lesefreundlich, sondern haben eine Wirkung, die – je nachdem, worum es geht – Misstrauen schüren kann, zumindest aber allen Beteiligten eher das Leben schwer macht. Auch hier gibt es rechtlich sichere Möglichkeiten, die wesentlichen Botschaften so aufzubereiten, dass Sie Ihren Firmencharakter unterstreichen.

- **Reaktions- und Bearbeitungszeiten**
  Die digitale Transformation hat unser Zeitbewusstsein verändert: Nicht nur im Internet, sondern im normalen Alltag wird eine prompte Reaktion erwartet. Brauchen Angebote und bestellte Ware zu lange, geht oft ein Auftrag baden oder der eigentlich begeisterte Kunde wird enttäuscht, im Extremfall unzufrieden, wenn er zu lange warten muss oder sich nach einer ersten schnellen Reaktion die Bearbeitung ewig hinzieht. Hier geht es nicht um *»Hat halt drei Tage länger gedauert, weil ich noch was klären/bestellen oder einen anderen wichtigeren Auftrag fertigmachen musste«*, sondern hier geht es um die Wirkung beim einzelnen Kunden, Lieferanten oder Geschäftspartner. Hinsichtlich der Reaktionszeit ist nicht nur die tatsächlich verstrichene Zeit relevant, sondern auch die Frage, wie realistisch Ihre Zeitangaben – etwa versprochene Reaktions- und Lieferzeiten – sind bzw. wann und ob Sie proaktiv Zwischenbescheide geben, wenn sich etwas verzögern wird. Besonders dann, wenn Sie einen Termin für ein Angebot, einen Anruf, ein Versanddatum oder Ähnliches nicht einhalten können.
- **Verwendete Kanäle**
  Kanäle, über die man mit Ihnen in Kontakt treten kann, sind ebenfalls relevant. Kann man Sie elektronisch erreichen? Wenn ja, wie unkompliziert ist es? Muss ich in einem Kontaktformular für eine kleine Anfrage erst mal zig Pflichtfelder ausfüllen oder habe ich für meine Nachricht eine begrenzte Zeichenanzahl? Gibt es einen E-Mail-Kontakt für meine direkten Ansprechpartner? Arbeiten Sie in einer Branche, in der es noch sinnvoll ist, etwas zu faxen, oder sind Sie der Einzige, der nach wie vor auf das Fax pocht, während die Kunden alle schon online sind? – Ich will übrigens gar nicht sagen, dass man auf einmal alles auf den Online-Betrieb umstellen muss. Es ist nur ein Beispiel, das Sie zumindest kurz überprüfen soll-

ten: Welche schriftlichen Kanäle nutzen wir neben der guten alten Papierpost? Das unterscheidet sich je nach Unternehmen: Es gibt Firmen, die WhatsApp als Kanal nutzen, andere machen Terminvereinbarungen und Angebote per Facebook-Direktnachrichten. Überprüfen Sie Ihre Kanäle daraufhin, ob Sie der gewünschten Wirkung zuträglich sind – auch in puncto der angesprochen Aspekte des Was, Wie und Wann.

- **Verpackung, Versand, Transport**
  Schließlich sind wir bei den verwendeten Materialien und der Logistik. Auch das Was und Wie rund um die Lieferungen prägt Ihre Wirkung.
  Schauen Sie sich Ihre Werte, den Purpose und die Markenpersönlichkeit an und dann achten Sie auf den Weg, den Ihre Briefe, Informationen oder Produkte nehmen, und darauf, wie das genau aussieht, was der Empfänger in die Hände bekommt.
  Für viele Unternehmen kommt hier das Stichwort der »Nachhaltigkeit« ins Spiel, das den meisten ein echtes Anliegen ist. Doch auch andere Wirkbotschaften können – und müssen – sich widerspiegeln. Denken Sie wieder an den Purpose als Ideengeber, aber auch als korrektiv: Für die einen bedeutet es, das Material zu verändern, etwa die Papierqualität zu wechseln, Schachtelgrößen und Füllmaterial zu reduzieren oder das Design von außen »aufzumotzen« (z. B. durch Haptik oder Farbe). Für die anderen bedeutet es, mit dem Fahrrad ausliefern zu lassen oder Selbstabholung zu ermöglichen.
  Und für wieder andere kann es bedeuten, mit Verpackung oder Logistik offensiv Gefühle zu zeigen, etwa wenn sich im Purpose explizit Formulierungen finden, wie »Wir sind herzlich«, »Wir zaubern Ihnen ein Lächeln ins Gesicht«, »Mit uns wird Dein Leben besser«.

Klopfen Sie darum unbedingt ebenfalls gezielt Ihre schriftlichen Touchpoints ab:

- Wo sind wir herausragend und unterstreichen unsere Haltung?
- Wo gibt es Verbesserungspotenzial oder sogar eine dringende Baustelle?

5.7 Ihr Purpose als Ideenquelle für das Storytelling

In der klassischen Werbung, in Presse- und Öffentlichkeitsarbeit und sogar in den Social Media hauen viele Unternehmen leider gerne Floskeln raus wie *»Wir sichern Ihren Erfolg. Der Mensch steht im Mittelpunkt [Firmenname]. Miteinander. Für Sie!«* – Websites, Business-Blogs oder Social-Media-Profile bleiben ebenso oft auf Selbstlob- und Werbe-Ebene: WIR, WIR, WIR. Das lockt niemanden hinterm Ofen hervor, selbst wenn Sie die schönste oder teuerste Werbekampagne der Welt bezahlt haben.

Der Mensch liebt Geschichten. Und Tiefe. Kein Wunder, dass das »Storytelling« seit einigen Jahren so viel Raum einnimmt, und genau das ist das perfekte Stichwort dafür, was für ein großartiges Ideensprungbrett Ihnen der Purpose liefert. Sie wollen den Purpose-Satz nicht einfach nur so hinschreiben, sondern ihn mit Leben füllen. Immerhin geht es im Kern darum, Haltung zu zeigen, als Unternehmen Charakter zu beweisen. Das können Sie auf Ihrer Website, im Blog, auf Social-Media-Plattformen (Facebook, Instagram, Twitter & Co.), aber auch bei Events und in der klassischen Pressearbeit. Hier nützt Ihnen erneut der Purpose als wichtiger Leuchtturm: Was steckt an Geschichten und Hintergründen drin? Auch vermeintlich »langweilige« oder nüchterne Branchen haben vielfältige Möglichkeiten, ihren Purpose, ihre Haltung zu zeigen.

Diese vier Denkansätze helfen Ihnen dabei:

5.7.1 Unser Beitrag zum Ganzen

Jede Firma trägt etwas bei. Sie bieten nie nur eine bestimmte Leistung oder ein einziges Produkt, sondern es wird weiterverarbeitet und/oder macht etwas möglich. Wie unser Zulieferer für die Mobilitätsbranche, der nicht einfach nur Schrauben und Muttern herstellt, sondern *die Dinge zusammenhält, und zwar sicher.*

Ein weiteres Beispiel: Wenn ich Gips herstelle, ist entscheidend, was damit gemacht wird. Bei fast allen Firmen findet sich ein Beitrag zu spannenden, wertvollen Sachen. Wenn das Familienunternehmen **Knauf** Gips herstellt – »total langweilig« –, aber damit die Elbphilharmonie gebaut wird. Wenn **Rentschler** für BioNTech Zellentwicklung macht und dadurch den Covid-19-Impfstoff ermöglicht. Wenn **va-Q-tec** Kühlboxen herstellt und die Impfstoffe bei konstant -70 Grad transportiert und wenn **LAUDA** die perfekte Temperiertechnik bereitstellt.

Auch im B2C-Bereich lösen Sie etwas aus: Sie befähigen den Kunden zu etwas, Sie tragen etwas zu seiner Befindlichkeit, seiner Wohn- oder Lebensqualität bei, Sie inspirieren, Sie erleichtern und vieles mehr.

In Ihrem Beitrag zum Ganzen stecken viele Geschichten:

- Was wurde gemacht/geschaffen/ermöglicht? Wozu tragen wir bei? Was ist unser Beitrag?
- Was ist das Besondere/Schwierige/Komplexe/gern Übersehene, wenn es um unsere täglichen Aufgaben geht?
- Wie stellen wir sicher, dass ...?
- Was war oder ist unsere größte Herausforderung?
- Wo haben wir lange gebraucht, bevor wir eine Lösung für XY gefunden haben?
- Wo haben wir mal einen Fehler gemacht und was haben wir daraus gelernt?
- Was bedeutet der Beitrag zum Ganzen für einzelne Abteilungen oder Menschen? – Vor allem die Gesichter hinter der Leistung sind interessant für die Zielgruppe.

Das ist für mich der »Sendung mit der Maus«-Effekt. Man schaut zu und sagt »Wow, hätte ich nicht gedacht!« Gerade bei den kleinen und mittleren Unternehmen gibt es so viele Produkte und Dienstleistungen, die auf den ersten Blick langweilig scheinen, aber sobald man tiefer eintaucht, sehr spannend sind.

Gerade Endverbraucher sehen oft nur das nüchterne und austauschbare Produkt. Sie fahren beispielsweise Fahrrad und haben sich noch nie Gedanken über die Wichtigkeit von Schrauben gemacht. Jetzt sagen Sie vielleicht: *»Gut, aber der Schraubenhersteller ist ja ein Zulieferer, selbst wenn der Endkunde eine Handvoll Schrauben kauft, sind dessen eigentliche Zielgruppe ja im Business-to-Business-Bereich.«* Ja! Und das zeigt zweierlei: Zum einen, dass die oben aufgeführten Fragen zu wertvollen Informationen und Verkaufsargumenten werden, warum ausgerechnet seine Befestigungssysteme verbaut werden sollten (Sicherheit, Handling für die Endverbraucher). Zum anderen kann die Firma es sogar schaffen, ihre Bauteile zu einer echten Marke aufzubauen, dessen Verwendung dann das eigentliche Produkt aufwertet: In Fahrrädern der Firma X ist das Markenprodukt Z verbaut.

5.7.2 Was bedeutet uns dieser Kernwert?

In Ihren ausgewählten Unternehmenswerten steckt sehr viel Stoff, Ihren Charakter zu zeigen, und zwar, indem Sie folgende Punkte hinterfragen:

- Was meinen wir damit und warum ist es so wichtig für uns?
- Was heißt das genau, wenn wir in einzelne Produkte/Abteilungen/Entscheidungen »reinzoomen«?
- Wie wirkt sich dieser Wert auf X aus (auf verwendete Materialien, den Herstellungsprozess, unsere internen Diskussionen, Garantien, …)?

Unser Schraubenzulieferer nennt als einen zentralen Wert *»Wir sind sorgfältig bis pedantisch«*. Das sagt schon etwas aus, und doch wird er erst richtig greifbar, wenn uns näher erklärt wird, was alles drin steckt – und was genau die Firma damit meint. Sie wissen: Unser Warum ist das Motiv, das hinter der Kommunikation steckt. Sie können also Ihre Haltung näher erklären, praktische Einblicke hinter die Kulissen, die Menschen und bestimmte Entscheidungen geben.

Nehmen wir die klassische Pressearbeit. Die Schraubenfirma kann eine typische Pressemitteilung an die Fachpresse schicken: »In unserem neuen Produkt haben wir Material Z verbaut – eine Innovation aus unserem Hause.« Ein solcher Pressetext landet in der Regel direkt im Papierkorb der Redaktionen, denn Medien drucken keine kostenlose Werbung und wollen in der Regel unparteiisch wirken. Ganz anders ist es, wenn eine Geschichte darum herumgebaut wird: Wenn die Firma den Medien jedoch einen interessanten Einblick schickt (z. B. »Wie Pedanterie den Entwicklungsprozess erstmal verkompliziert, manchmal etwas verlangsamt und vorab verteuert, aber wahre Innovation erst möglich macht«), merken die Redaktionen auf. Denn jetzt entfernen wir uns vom »Wir Wir Wir« des Unternehmens und bieten einen spannenden Mehrwert. Die Wahrscheinlichkeit, dass Ihr Vorschlag aufgegriffen wird, ist sehr viel größer. Und er führt auch zu einer größeren Resonanz als eine reine Produktankündigung.

5.7.3 Passion, Performance, Perspektive – Den Dreiklang einzeln ausleuchten

Eine weitere Quelle für gute Geschichten sind Ihre 3Ps! Nehmen Sie also Ihren Purpose auseinander, wenn Sie nach guten Geschichten suchen. In unserem Beispiel des Schraubenherstellers könnte das so aussehen:

- **Passion:** Wir halten die Dinge buchstäblich zusammen – ohne uns als Verbindungsglied ist Mobilität nicht möglich.
- **Performance:** Dabei liegt unser Fokus auf »kinderleicht« und »narrensicher«.
- **Perspektive:** Damit wir Sicherheit absichern und sie nicht dem Zufall überlassen.

In jedem Ihrer Ps steckt ein Startpunkt für die Presse, für Vorträge, aber vor allem auch für Ihre Website, interessante Blogartikel und Social-Media-Postings.

Denken Sie daran, dass es nicht darum geht, einfach nur diese Statements zu wiederholen. Es geht darum, sie lebendig zu machen. Darum mein Hinweis, tiefer in die Purpose-Formulierung und die Kernwerte hineinzugehen. Bitte trauen Sie Ihren Lesern etwas zu! Oft denken Firmen, sie müssten relativ oberflächlich bleiben, doch jeder Mensch erfährt gerne Neues, lernt gerne dazu. Unser Schraubenhersteller kann beim Stichwort »narrensicher« zum Beispiel erklären, warum ein geflügeltes Wort beim Zusammenschrauben lautet: »Nach fest kommt kaputt« – und wie sich das verhindern lässt, wie eine bestimmte Befestigungstechnik oder Markierung dem entgegenwirkt.

Oder der Schraubenhersteller könnte in puncto »Sicherheit absichern« den Aspekt »shit happens« aufgreifen – und die Herausforderungen, die damit einhergehen. Das wiederum bindet einzelne Fachfragen, Abteilungen oder Fachleute in der Firma ein, die gefragt werden oder gebeten werden, selbst etwas dazu zu überlegen. Die Begeisterung und das innere Feuer, das der Purpose in Ihren Mitarbeiterinnen und Mitarbeitern auslöst, schlägt sich so auch in Ihre Kommunikationsarbeit nieder. Die Leute, die für die Kommunikation verantwortlich sind, haben wirklich etwas zu sagen und machen den Purpose plastischer. Das macht eine Arbeit wie »*Ich betreue unsere Facebook-Seite*« oder »*Ich mache unsere Pressearbeit*« sehr viel spannender, ergiebiger – und die Kolleginnen und Kollegen tragen ebenfalls gerne etwas bei, wenn man sich für sie interessiert.

5.7.4 Unsere Unternehmenskultur – Wie arbeiten wir?

Im vierten Kapitel haben wir auf vielfältige Weise über die Kultur gesprochen, die Sie ermöglichen beziehungsweise weiterentwickeln können.

- Wie arbeiten wir zusammen?
- Wie gehen wir miteinander um?
- Trauen wir uns, Dinge auszuprobieren?
- Lassen wir Fehler zu – und wie lernen wir daraus?
- Was sind die größten Rückschläge? Erfolge?
- ...

Diese Aspekte bieten Ihnen ebenfalls eine endlose Quelle und Anknüpfungspunkte für interessante Geschichten, in denen Sie Ihre Haltung vermitteln – und zwar nicht, indem Sie einfach sagen »*Wir machen Fehler und lernen daraus*«, sondern indem Sie wiederum vermitteln, was das genau für uns und unsere Arbeit konkret bedeutet, oder indem Sie es gar nicht aussprechen, sondern anhand einer Anekdote aus Ihrer Arbeitswelt deutlich machen.

Meinungsbeiträge in Social Media und Corporate Blogs !

Auf Ihrer Website, im Businessblog, auf Social-Media-Plattformen werden Meinungstexte immer besonders gerne gesehen. Meine Empfehlung: Posten Sie doch gelegentlich einen Meinungsbeitrag zu einem aktuellen Thema, z. B. eines, das kontrovers diskutiert wird. Auch damit zeigen Sie Haltung. Und ja: Das bedeutet bei einigen Familienunternehmen, dass Sie Mitarbeiterinnen und Mitarbeiter, die dafür verantwortlich sind, Freiräume geben:

- Die betraute Person muss nicht nur die Technik beherrschen, sondern mit den Besonderheiten schriftlicher Kommunikation und den ungeschriebenen »Regeln des Internets« vertraut sein (Medienkompetenz).
- Sie muss sich klar ausdrücken können und ihre Meinung vertreten, aber sich eben auch schriftlich nuanciert äußern und mit Reaktionen konstruktiv umgehen können, auch wenn es mal unfair oder unangenehm zugeht.
- Sie muss schnell sein. Nicht nur, weil das Internet ein schnelles Medium ist und Sie »die Welt« zum Dialog einladen, sondern auch, was das Schreiben von Postings und Kommentaren angeht.

Drei Erfolgsfaktoren für den Aufbau einer starken Marke

Oft werde ich gefragt: Was sind die Erfolgsfaktoren für den Aufbau einer starken Marke? Meine Antwort:

→ **Mut.** Mut für ein eigenständiges Profil. Für Markenwerte und eine Markenpersönlichkeit, die authentisch ist, die sich abgrenzt von den Wettbewerbern. Mut dazu, echt zu sein, auch dann, wenn es nicht allen gefällt.

→ **Konsequenz.** Die Konsequenz, Ihre Marken an allen Berührungspunkten – intern und mit ihrer Zielgruppe – einheitlich zu kommunizieren.

→ **Geduld.** Geduld, um für die nächsten Jahre dranzubleiben und für die Marke zu kämpfen. Eine Marke entsteht nicht in wenigen Monaten. Es braucht Jahre, um ein klares Image in den Köpfen ihrer Zielgruppe aufzubauen, zumal es bei der Marke um Gefühle – und letztlich – um Vertrauen geht.

Jedes Familienunternehmen ist – wie jede Familie – einzigartig. Ich wünsche mir, dass Sie Ihre Eigenständigkeit leben und nach außen tragen. Errichten Sie bitte keine künstliche Fassade, vermeiden Sie Showeffekte. Stehen Sie zu Ihren Werten und leben Sie diese selbstbewusst – Sie sind einmalig!

Zum Ausklang

Beim Schreiben dieses Buches bin ich an vielen Stellen an meine Grenzen gekommen. Es gab Phasen, in denen ich wusste, das ist noch nicht gut genug, aber ich konnte es nicht besser formulieren. In bestimmten Augenblicken habe ich mich sogar gefragt: Warum tust du dir das an? Fast schon skurril bei einem Buch, in dem es über den Sinn geht. Im Nachhinein erfüllt es mich mit Freude, dass ich weitergemacht habe. In den Momenten des Zweifelns habe ich mich auch an meinem persönlichen Purpose orientiert und da spürte ich: Es macht doch Sinn, dranzubleiben. Und genau diese Zweifel und Fragen im Kopf sind, wenn es um neue Projekte, Veränderungen und Herausforderungen geht, ganz normal: Wir kommen an unsere Grenzen. Und je weniger Orientierung Ihr Leuchtturm Ihnen bietet, umso größer ist die Frage: Warum mache ich das? Und umso anstrengender ist Ihre Reise.

Als Familienunternehmerin oder als Familienunternehmer tragen Sie mehrfach Verantwortung: für sich, Ihre Unternehmerfamilie, Ihre Mitarbeiterinnen und Mitarbeiter sowie für Ihr Unternehmen. Diese Verantwortung kann schwer werden. Doch je klarer Sie die Frage beantworten können: *Wofür mache ich das?*, desto kraftvoller wird Ihr Schritt, Ihre Haltung, Ihr Wirken. Aus vollem Herzen wünsche ich Ihnen, dass Sie Ihrem Purpose immer näher kommen. Lassen Sie sich dafür Zeit. Vergessen Sie nicht, es ist eine Bergtour. Aber Ihr Rucksack ist jetzt gut bestückt. Und seien Sie großzügig mit sich. Wenn Sie eine Pause brauchen, dann nehmen Sie sich eine. Sie haben es verdient.

Schöne Ausblicke wünscht Ihnen

Ihr *Karlheinz Illner*

Kontakt: k.illner@FamilyBrands.de

Übersicht der digitalen Extras und Video-Interviews zum Buch

Alle digitalen Extras zum Buch finden Sie auf mybook.haufe.de:

- Das Spiral-Dynamics-Modell
- Welche Entwicklungsstufen hat mein Unternehmen bisher durchlaufen?
- Bestandsaufnahme zu den Wertedimensionen
- Welche Purpose-Felder sind für Ihr Unternehmen relevant?
- Die drei Schritte für Veränderungen
- Wie bereit bin ich, Veränderungen im Unternehmen zuzulassen?
- Checkliste zum SCARF-Modell
- Die drei Säulen einer gemeinsamen Lern- und Fehlerkultur
- Unsere wichtigsten Werte und die Markenpersönlichkeit
- Wir-Sätze
- Mitarbeiter-Einschätzung

Video-Interviews

Auf www.FamilyBrands.de/Purpose finden Sie fünf Videos-Interviews zum Thema des Buches mit folgenden Persönlichkeiten:

- Michael Hartung, Gründer Lothar Medtec
- Karsten Kilian, Hochschulprofessor
- Julian Lechner, Gründer Kaffeeform
- Tilman Peschke, Peschke Akademie
- Gunther Wobser, Geschäftsführender Gesellschafter, LAUDA

Des Weiteren können Sie dort auch das Interview mit dem Autor, Karlheinz Illner, anschauen.

Weitere Ressourcen

Im Text haben Sie Impulse bekommen, um mehr über Ihre Werte zu erfahren. Wenn Sie noch tiefer in das Thema einsteigen wollen, kann ich Ihnen folgende werteorientierte Diagnostikverfahren empfehlen, die **wert**volle Impulse für die Anwendung im unternehmerischen Alltag liefern.

a) Verfahren zum Hartman-Werte-Profil

Profilingvalues
Dieses Verfahren gibt Ihnen die Möglichkeit, die »inneren Werte« und die gegenwärtige Situation eines Menschen sichtbar zu machen. Ergebnis ist ein Bericht, der die Persönlichkeitseigenschaften und die gegenwärtige Nutzung der individuellen Potenziale aufzeigt. Für alle sechs Kompetenzfelder des Hartman-Werte-Profils wird die aktuelle Aufmerksamkeit aufgezeigt. Dadurch wird sichtbar, wie stimmig wir als Person in allen drei Wertedimensionen agieren, wie ausbalanciert diese Dimensionen sind und welche Ressourcen nicht genutzt werden. Es liefert dadurch wichtige Impulse zur Selbsterkenntnis und kann auch für die Teamentwicklung eingesetzt werden.

Mehr Infos unter: www.profilingvalues.com

Profilingbrands
Dieses Verfahren setzt auch auf dem Hartman-Werte-Profil auf, hat aber die Marke, die Organisation und das Unternehmen im Fokus. Mitarbeiter, Kunden und Zielgruppen bewerten in einem Online-Verfahren die Firma. Nach meiner Erfahrung beschreiben die Ergebnisse der Mitarbeiterinnen und Mitarbeiter die Unternehmenskultur und geben uns Antworten auf die Fragen: Welche Wertedimensionen liegen im Fokus? Sind die Dimensionen ausgeglichen? Wo sind blinde Flecken? Welche Aufmerksamkeit legt das Unternehmen auf die menschliche Werte-Ebene? Wie klar ist der Purpose für die Mitarbeiterinnen und Mitarbeiter?

Die Ergebnisse von Kunden und Zielgruppen zeigen uns, wie das Unternehmen als Marke wahrgenommen wird: Wie gut wird das Produkt oder die Dienstleistung bewertet? Wie stark ist die emotionale Bindung zur Marke? Wie attraktiv und klar ist das Markenbild? Wie stark wirkt der Purpose nach außen? Wo sind Schwachpunkte?

Mehr Infos unter: www.profilingbrands.com

b) Verfahren zu Spiral Dynamics

9Levels

Dieses Verfahren basiert auf dem Ansatz von Spiral Dynamics und macht die Wertesysteme von Einzelpersonen, Teams und ganzen Organisationen sicht- und damit nutzbar. Es zeigt auf, wie stark die einzelnen Entwicklungsstufen ausgeprägt sind. Dies zeigt den Reifegrad des Unternehmens für eine Transformation auf. Dadurch können Impulse für Veränderungen besser und effizienter abgestimmt und ungenutzte Ressourcen aktiviert werden.

Mehr Infos unter: www.9levels.de

Natürlich gibt es für beide Ansätze auch andere Anbieter, aber diese Verfahren haben sich in der Zusammenarbeit mit meinen Kunden bewährt.

Quellen und Literaturempfehlungen

Augenhöhe und Augenhöhe Wege (Film); www.augenhoehe-film.de

Bartens, Werner (2015): Empathie. Die Macht der Mitgefühls

Bär-Sieber, Martina; Krumm, Rainer; Wiehle, Hartmut (2015): Unternehmen verstehen, gestalten, verändern

Bateson, Gregory (1985): Ökologie des Geistes – Anthropologische, psychologische, biologische und epistemologische Perspektiven

Balzil, Beat (Hg.); Rau, Kristin; Seiwert, Martin (2020): Reinhold Würth, Mein Leben, meine Firma, meine Strategie

Bauer, Joachim (2015): Selbst Steuerung. Die Wiederentdeckung des freien Willens

Beck, Don Edward; Cowan, Christopher C. (2017): Spiral Dynamics: Leadership, Werte und Wandel

Beck, Don Edward; Larsen, Teddy Hero; Solonin, Sergey; Viljoen, Rica Cornelia; Johns, Thomas Q (2019): Spiral Dynamics in der Praxis

Berschneider, Werner (2008): Die Chance sinnerfüllt zu leben und zu führen

Brandes, Ulf; Gemmer, Pascal; Koschek, Holger; Schültken, Lydia (2014): Management Y

Brockhaus Taschenlexikon (2010): Band 10

Burgstaller, Susanne (Hrsg.) (2015): Lösungsfokus in Organisationen. Zukunftsorientiert beraten und führen

Christensen, Clayton (2012): How will you measure your life?

Collins J.; Hansen M. (2012): Oben bleiben immer

Csíkszentmihályi, Mihály (2017): Flow. Das Geheimnis des Glücks

Dietl, Tamara: persönliches Interview, München, 30.7.2020

Dietl, Tamara (2015): Die Kraft liegt in mir: Wie wir Krisen sinnvoll nutzen können

Domizlaff, Hans (2005): Gewinnung des öffentlichen Vertrauens: Ein Lehrbuch der Markentechnik

Edmans, Alex (2020): Grow the pie – How great companies deliver both purpose and profit

Esch, Tobias (2012): Die Neurobiologie des Glücks

Fußmann, Ben; Ahola, Tapani (2010): Es ist nie zu spät, erfolgreich zu sein. Ein lösungsfokussiertes Programm für Coaching von Organisationen, Teams und Einzelpersonen

Groth, Torsten (2017): 66 Gebote systemischen Denkens und Handelns in Management und Beratung

Edwards, Rem B. (2014): An Axiological Process Ethics

Fink, Franziska; Moeller, Michael (2018): Purpose Driven Organizations

Friedrichs, Julia (2011): Ideale. Auf der Suche nach dem, was zählt

Fromm, Barbara; Fromm, Michael (2006): Führen aus der Mitte

Geisbauer, Wilhelm (2018): Führen mit neuer Autorität

George, Bill (2015): Discover your true north

Gimeno, Alberto; Baulenas, Gemma; Coma-Cros, Joan (2010): Familienunternehmen führen – Komplexität managen

Großmann, Steffen (2014): Konflikte und Krisen in Familienunternehmen

Grün, Anselm (2019): Versäume nicht dein Leben

Grünewald, Stephan (2013): Die erschöpfte Gesellschaft

Hamel, Gary (2013): Worauf es jetzt ankommt

Hemel, Ulrich (2005): Wert und Werte

Hartman, Robert S. (2019): Five Lectures on Formal Axiology

Hartman, Robert S. (2011): The Structure of Value: Foundations of Scientific Axiology

Hartman, Robert S.; Ellis, Arthur (2013): Freedom to Live: The Robert S. Hartman Story

Hartung, Michael: persönliche Interviews, Würzburg, 18.6, 27.11 und 4.12.2020

Hauptstadtbrief (2018). Beilage in der Berliner Morgenpost, 8. Juni 2018

Hennerkes, Brunn-Hagen (2019): Meine Zeit als Consigliere: Lebensaufgabe Familienunternehmen

Hollis, Nigel (2013): The Meaningful Brand

Illner, Karlheinz (2017): Das Hartman Value Profil als Management-Tool, in: Soul at Work, Maehrlein, Katharina; Lensing, Heidi (Hrsg.)

Janssen, Bodo (2019): Kraftquelle Tradition, Benediktinische Lebenskunst für heute

Janssen, Bodo; Grün, Anselm (2017): Stark in stürmischen Zeiten. Die Kunst sich selbst und andere zu führen

Jäkel-Wurzer, Daniela (2010): Töchter im Engpass

Kane, Gerald C.; Phillips, Anh Nguyen; Copulsky, Jonathan R.; Andrus, Garth R. (2019): The Technology Fallacy. How People are the Real Key to Digital Transformation

Kilian, Karsten: persönliches Interview, Lauda-Königshofen, 17.6.2020

Kilian, Karsten; Miklis, Markus (2020): Purpose im Marketing – erfolgreicher mit sinnstiftendem Unternehmenszweck, in: Stumpf (Hrsg.) Die 10 wichtigsten Zukunftsthemen im Marketing

Kilian, Karsten (2005): Marke unser – Branding zwischen höllisch gut und himmlisch verwegen

Kilian, Karsten (2018): Interne Markenführung – Mitarbeiter als Botschafter der Marke in: Baumgarth, Carsten (Hrsg.) B-to-B Markenführung

King, Brett (2019): Bank 4.0. Banking everywhere, but never at a bank

Koeman, Fred (2005): Meta-Management. Der neue Weg zu einer effektiven Führung

Korn Ferry (2019): Purpose Pays www.businesswire.com/news/home/20191105005039/en/ (Abgerufen am 7.12.2020)

Krumm, Rainer; Parstorfer, Benedikt (2014): Clare W. Graves: Sein Leben, Sein Werk

Laloux, Frédéric (2015): Reinventing Organizations

Lang, Dunja (2016): Gefangen im Komplexitätsdilema

Largo, Remo H. (2018): Das passende Leben. Was unsere Individualität ausmacht und wie wir sie leben können

Lechner, Julian: persönliches Interview, Berlin, 4.8.2020

Leider, Richard J. (2015): The Power of Purpose, Find Meaning, Live Longer, Better
Leider, Richard J.; Shapiro, David A. (2012): Repacking your bags
Leider, Richard J.; Webber Alan M. (2013): Life reimagined
LeMar, Bernd (2014): Generations- und Führungswechsel im Familienunternehmen
Lukas, Elisabeth (2004): Sehnsucht nach dem Sinn
Lutterer, Wolfram (2009): Gregory Bateson – Eine Einführung in sein Denken
Mackey, John; Sisodia, Raj (2013): Conscious Capitalism
Manson, Mark (2016): The subtle art of not giving a fuck
McCormack, Mark (2019): Was Sie an der Harvard Business School nicht lernen
MIT Sloan Management Review (2019): Why Humans Matter More Than Ever
Moore, Geoffrey A. (2015): Zone To Win. Organizing To Compete In An Age of Disruption
Mourkogiannis, Nikos (2006): Purpose. The starting point of great companies
Müller, Nicolai; Jäger, Clemens (Hrsg) (2015): Werteorientierte Führung von Familienunternehmen
Mukherjee, Amit S. (2020): Leading in the digital world
Nickel, Susanne; Berndt, Christian (2018): Let's change mit innovativen Tools
Nöllke, Matthias (2016): Vertrauen im Beruf. Wie man es aufbaut. Wie man es nutzt. Wie man es verspielt
Ockenfels in: Wertecoaching (2008). Schlieper-Damrich, R. Kipfelsbeger, P. Netzwerk Coach-Pro (Hrsg.)
Permantier, Martin (2019): Haltung entscheidet. Führung & Unternehmenskultur zukunftsfähig gestalten
Peschke, Tilman: persönliches Interview, Hersbruck, 22.6.2020
Pircher-Friedrich, Anna Maria (2011): Mit Sinn zum nachhaltigen Erfolg
Pomeroy, Leon (2005): The New Science of Axiological Psychology
Prange, Peter (2006): Werte, Von Plato bis Pop alles, was uns verbindet
Pringle, Hamish; Thompson, Marjorie (2001): Brand Spirit. How cause related marketing builds brands
Reiman, Joey (2013): The Story of Purpose
Robinson, Ken (2009): The Element
Rock, David (2011): Brain at Work. Intelligenter arbeiten, mehr erreichen
Roehle, Heiko; Asselmeyer, Herbert (Hrsg.) (2017): Organisationen klug gestalten
Rohr, Richard (2013): Reifes Leben. Eine spirituelle Reise
Rosa, Hartmut (2016): Resonanz. Eine Soziologie der Weltbeziehung
Ross, Jeanne W.; Beath, Cynthia M.; Mocker, Martin (2019): Designed for Digital
Sagmeister, Simon (2016): Business Culture Design. Gestalten Sie Ihre Unternehmenskultur mit der Culture Map
Saldanha, Tony (2019): Why Digital Transformations Fail
Sassenrath, Marcus (2017): New Management, Erfolgsfaktoren für die digitale Transformation

Scharfer, Otto C. (2011): Theorie U. Von der Zukunft her führen

Schein, Edgar H. (2017): Organisationskultur und Leadership

Schmid, Bernd (Hrsg.) (2014): Systemische Organisationsentwicklung

Schmidt, Gunther (2020): Einführung in die hypnosystemische Therapie und Beratung

Schulz, Thomas (2018): Zukunftsmedizin

Schwartz, Tony (1996): What really matters

Schwartz, Tony (2010): The way we're working isn't working

Semler, Ricardo (1993): Maverick. The success story behind the world's most unusual workplace

Simon, Fritz B. (Hrsg.) (2011): Die Familie des Familienunternehmens

Sinek, Simon (2014): Frag immer erst warum: Wie Top-Firmen und Führungskräfte zum Erfolg inspirieren

Skinner, Chris (2018): Digital human, The fourth revolution of humanity includes everyone

Sonders, Paul; Hüger, Johannes (2011): Wertvoll und wirksam führen

Spiegel Nr. 30, 2020; Windmann, Antje: Ich brauche keinen Beifall mehr

Starker, Vera; Peschke, Tilman (2017): Hypnosystemische Perspektiven im Change Management

Stumpf, Marcus (2020): Die 10 wichtigsten Zukunftsthemen im Marketing

Süddeutsche Zeitung (2021): »Raus aus der Konfrontation«. Siehe: https://www.sueddeutsche.de/meinung/corona-ramelow-fehler-debatte-1.5168486 (Abgerufen am 31.1.2021)

Solomon, Andrew (2012): Weit vom Stamm. Wenn Kinder ganz anders als ihre Eltern sind

Tan, Cahde-Meng (2012): Search Inside Yourself

Venen, Dominic (2015): Der Sinn des Unternehmens

Vogel, Ulrich; Wenzel, Petra (2012): Inneres Werten messen – Gutes sichtbar machen: Werte-Diagnostik mit profilingvalues

Vogel, Robert; Schlossberger, Errit (2018): Welle der Wirksamkeit

Voigt-Eggert, Evelin (2017): Die Kunst der erfolgreichen Führung

Wanda, Norbert; Habenicht, Ute (2013): Unternehmensübergabe nachhaltig gestalten

Warren, Rick (2018): Leben mit Visionen

Wobser, Gunther (2020): Neu erfinden: Was der Mittelstand vom Silicon Valley lernen kann

Wobser, Gunther: persönliches Interview, Lauda, 29.7.2020

Stichwortverzeichnis

Der Autor

Karlheinz Illner ist Gründer von FamilyBrands und begleitet Familienunternehmen, die wirtschaftlich und menschlich erfolgreich sein wollen, bei der Transformation in die neue Arbeitswelt, bei der Konfliktklärung innerhalb der Unternehmerfamilie und beim Generationenwechsel.

Er hat mehrjährige Erfahrung in leitender Funktion auf Konzernseite, in Start-Up-Unternehmen, als geschäftsführender Gesellschafter und als Business Angel. Vor seiner Fokussierung auf mittelständische Familienunternehmen hat er u.a. Lindt, Coca-Cola, Mercedes-Benz und Ferrero beraten.

Karlheinz Illner lehrt an der Fresenius Hochschule im Masterstudiengang »Nachhaltiges Marketing und Führung«. Er ist einer der profiliertesten Experten für wertemetrisches Personal- und Markenprofiling in Deutschland.

Karlheinz Illner lebte mehrere Jahre in UK und den USA und seit 2009 mit seiner Familie in der Nähe von Würzburg. Er studierte als Fulbright-Stipendiat der Bundesregierung in den USA. Nach Abschluss seines MBA-Programms wurde er in die Honor Society of Beta Gamma Sigma aufgenommen.

Danke

Leider wird es mir nicht gelingen, mich bei allen Menschen, die mir auf meinem Weg wertvolle Impulse gegeben haben, zu bedanken. Oft sind es Kleinigkeiten, Bemerkungen bei Gesprächen, ein Hinweis in einem Zeitungsartikel, ein Gedankengang aus einem Buch oder eine gute Frage, die mir Anregungen oder eine andere Perspektive gegeben haben. So sind es zu viele, die dazu beigetragen haben, dieses Buch zum Leben zu erwecken, um sie einzeln zu nennen, aber ein paar besonderen Menschen möchte ich dennoch meinen herzlichsten Dank aussprechen:

Mein Dank gilt Frau Anne Rathgeber und Jutta Thyssen vom Haufe Verlag für die Umsetzung meiner Buchidee. Ohne Gitte Härter wäre es allerdings unlesbar geworden. Ihre Forderungen nach Beispielen und praktischer Umsetzung haben mich vor allzu theoretischen und wissenschaftlichen Abhandlungen bewahrt. Und ohne ihre Motivation wäre ich aus mancher Talsohle nicht mehr herausgekommen. Meinem Lektor Peter Böke verdanke ich umsichtige Korrekturvorschläge und eine überaus angenehme Zusammenarbeit.

Bei Professor Tobias Engelsleben und Marco Klübenspies von der Fresenius Hochschule möchte ich mich für ihr Vertrauen und die gute Zusammenarbeit in den letzten Jahren bedanken. Gunther Schmidt möchte ich danken für sein Engagement bei der Entwicklung der hypnosystemischen Konzepte. Ich denke, damit ermöglichst Du vielen Menschen einen besseren Zugang zu ihren Ressourcen und ich glaube auch, dass wir dadurch die Arbeitswelt menschlicher gestalten können.

Dank auch an Markus Hartung für die Impulse für dieses Buch und die Unterstützung bei der Umwandlung meiner handschriftlichen Notizen in lesbare Texte. Bedanken möchte ich mich bei Ronny Grünewald, Ralf Lother und Jochen Meyer vom Lothar Medtec-Team und allen Gesellschaftern. Es ist ein Geschenk, bei dieser Reise dabei zu sein. Ein Grillfest ist überfällig!

Dankbar bin ich Tamara Dietl für die vielen guten Gespräche zum Thema Sinn und Werte, auch habe ich von Dir vor über 10 Jahren die Empfehlung zu Hartman und Graves bekommen. Ich glaube das Buch zeigt, wie sehr Du mich damit geprägt hast. Ganz besonderen Dank an Michael Hartung, Karsten Kilian, Julian Lechner, Tilman Peschke und Gunther Wobser für die Interviews. Ich war und bin beeindruckt von Eurer Offenheit bei diesem doch sehr persönlichen Thema.

Was wäre dieses Buch ohne die Impulse aus unserem alljährlichen Sinn-Sucher-Workshop. Dafür möchte ich mich bei Joachim Drexel, Armin Gastl, Peter Kudrna, Randy Shayotovich und Thomas Zenetti bedanken. Eure unterschiedlichen Perspektiven waren wichtig für dieses Buch. Ich frage mich oft, auf welcher Entwicklungsstufe wir uns dabei gerade bewegen. Dank auch an Christoph von der Heide für die guten Gespräche, wir sehen uns viel zu selten. Bedanken möchte ich mich bei Amelie und Richard Erbler für viele Jahre einer besonderen Freundschaft und wertvolle Impulse. Danke an Tobias Kay, ohne es konkret benennen zu können, ist ganz viel von Dir in diesem Buch.

Bedanken möchte ich mich auch bei Anne und Simeon Muhl, Lucia Langer und Nico Pfaff. Auch wenn wir uns nicht so oft sehen, Ihr seid ganz wichtige Menschen in meinem Leben. Mit Euch kann man über die Leichtigkeit und auch Tiefe des Lebens sprechen, dafür – und auch für Eure kreativen und kulinarischen Genüsse – vielen Dank. Danke auch an Gerhard Trapp, ohne Deine technische Unterstützung wären wir absolut verloren. Und die Zeit ist reif für die nächste Bergtour. Herzlichen Dank auch an Lotte und Ludwig Trapp. Gerade in diesen Corana-Zeiten habe ich gemerkt, wie ich die Gespräche mit Euch vermisse – und natürlich auch das leckere Mittagessen.

Bedanken möchte ich mich auch bei meinem Schwager Franz Langer und meiner Schwester Petra Langer. Franz, Du hast mir einen ganz wichtigen Impuls gegeben, als ich in der Talsohle hing. Petra, Du bist die Person, die mich am längsten kennt und sehr geprägt hat. Ich freue mich auf weitere Teestunden bei Euch!

Bei meinem Sohn Ludwig Bäßler möchte ich mich für die professionelle und entspannte Zusammenarbeit bei den Filmaufnahmen bedanken. Ich kenne nicht viele Kreative, die diese beiden Pole vereinen. Ich freue mich schon auf weitere Projekte mit Dir! Sehr dankbar bin ich Toni und Katja, die mich immer wieder daran erinnern, dass der Sinn auch darin bestehen kann, einfach nur Spaß zu haben und den Moment zu leben. Und Dank auch für Eure individuelle Dynamik, die mir immer wieder zeigt, wie anstrengend, aber auch lohnend eine intensive Auseinandersetzung im »Team« ist. Dabei habe ich in den letzten Jahren unendlich viel von meiner Frau Karin gelernt. Danke für Dein Vertrauen und Deine Unterstützung, ohne Dich wäre dieses Buch nicht entstanden.

Mit digitalen Extras:

Exklusiv für Buchkäufer!

Ihre Arbeitshilfen zum Download:

- **http://mybook.haufe.de/**
- **Buchcode:** BXP-0005
